21世纪技能创新型人才培养系列教材 计算机系列

新工科

数据库应用技术

项目化教程

主　编／龙　浩　韩永印
副主编／王　侠　李梦梦　姚亚峰　刘　超

中国人民大学出版社
·北京·

图书在版编目（CIP）数据

数据库应用技术项目化教程 / 龙浩，韩永印主编
. -- 北京 ：中国人民大学出版社，2021.8
21 世纪技能创新型人才培养系列教材. 计算机系列
ISBN 978-7-300-29706-4

Ⅰ. ①数… Ⅱ. ①龙… ②韩… Ⅲ. ①关系数据库系统－高等职业教育－教材 Ⅳ. ① TP311.132.3

中国版本图书馆 CIP 数据核字（2021）第 157080 号

21 世纪技能创新型人才培养系列教材·计算机系列
数据库应用技术项目化教程
主　编　龙　浩　韩永印
副主编　王　侠　李梦梦　姚亚峰　刘　超
Shujuku Yingyong Jishu Xiangmuhua Jiaocheng

出版发行	中国人民大学出版社		
社　　址	北京中关村大街 31 号	邮政编码	100080
电　　话	010－62511242（总编室）		010－62511770（质管部）
	010－82501766（邮购部）		010－62514148（门市部）
	010－62515195（发行公司）		010－62515275（盗版举报）
网　　址	http://www.crup.com.cn		
经　　销	新华书店		
印　　刷	天津中印联印务有限公司		
规　　格	185 mm×260 mm　16 开本	版　　次	2021 年 8 月第 1 版
印　　张	12.75	印　　次	2021 年 8 月第 1 次印刷
字　　数	295 000	定　　价	36.00 元

P R E F A C E

前言

本书结合高职高专院校的教学特色，遵循“以就业为导向”的原则，结合数据库管理和软件开发岗位的实际需求来设计内容。以“实用”为基础，以“必需”为尺度来选取理论知识；采用任务驱动式教学模式，通过完成各项任务，重点培养学生解决实际问题的能力。

本书作者充分分析了国内先进职业教育的培训模式、教学方法和教材特色，消化和吸收了优秀的经验和成果。以培养技术应用型人才为目标，以企业对人才的需求为依据，把软件工程和项目管理的思想完全融入教材体系，将基本技能培养和主流技术相结合，内容设置重点突出、主辅分明、结构合理、衔接紧凑。

本书以实用为中心，以使学生掌握数据库基本原理知识、数据库设计方法和提高数据库应用能力为目的，以“数据库的开发”为任务驱动，以“办公设备管理系统数据库设计”为主线设置具体的工作任务，通过完成任务，提高学生分析问题和解决问题的能力。另外，“思考与练习”栏目中的部分题目可以在教材中直接找到答案，另一部分题目则需要学生查阅资料来解答，其目的在于锻炼学生收集和整合信息资源的能力，并在此过程中获取更多的信息，深化对相关内容的理解，是课堂教学的一种延伸。

本书结构紧凑，内容承上启下，共分为 11 个单元。单元 1 介绍如何搭建数据库环境；单元 2 介绍 MySQL 的数据管理；单元 3 介绍办公设备管理系统数据库的创建与管理；单元 4 介绍办公设备管理系统数据库中表的创建与管理；单元 5 介绍办公设备管理系统数据库的数据查询；单元 6~10 介绍办公设备管理系统数据库的视图、索引、存储过程、触发器、安全性等知识；单元 11 介绍培训班管理信息系统数据库的设计与应用。

本书由徐州工业职业技术学院的龙浩、韩永印老师主编和统稿，参与编写的还有李梦梦、杨勇、宋培森、王侠等。感谢北大青鸟的郑果和徐晓杰对本书编写给予的大力支持。

由于计算机科学技术发展迅速，以及作者自身水平有限，因此书中难免存在不妥之处，恳请广大读者提出宝贵意见。

编者

C O N T E N T S

目录

单元 1

搭建数据库环境

工作任务

任务描述	安装和配置 MySQL
工作流程	1. 软件和硬件要求； 2. 安装前的准备； 3. 安装配置过程
任务成果	管理员: 命令提示符 - mysql -u root -p E:\soft\development_tools\mysql-8.0.25-winx64\bin>mysql -u root -p Enter password: **** Welcome to the MySQL monitor. Commands end with ; or \g. Your MySQL connection id is 8 Server version: 8.0.25 MySQL Community Server - GPL Copyright (c) 2000, 2021, Oracle and/or its affiliates. Oracle is a registered trademark of Oracle Corporation and/or its affiliates. Other names may be trademarks of their respective owners. Type 'help;' or '\h' for help. Type '\c' to clear the current input statement. mysql>
知识目标	1. 掌握安装和配置 MySQL 的方法； 2. 了解启动、注册并配置 MySQL 服务器的方法
能力目标	1. 能够安装和配置 MySQL； 2. 能够启动、注册并配置 MySQL 服务器； 3. 具备安装过程中处理错误的能力； 4. 具备安装后配置服务器组件的能力； 5. 培养敬党爱国的高尚情怀，养成热爱劳动的习惯

理论知识

一、数据库的基本概念

经过多年的发展，数据管理技术已经进入数据库系统阶段，该阶段中，数据将被存储到数据库中，即数据库相当于存储数据的仓库。为了便于用户组织和管理数据，开发人员推出了数据库管理系统，可以有效管理存储在数据库中的数据。本书所要讲解的 MySQL 软件，就是一种非常优秀的数据库管理系统。

所谓数据管理，是指对各种数据进行分类、组织、编码、存储、检索和维护。发展到现在，数据管理技术经历了 3 个阶段，分别为人工管理阶段、文件系统阶段和数据库系统阶段。

1. 人工管理阶段

20 世纪 50 年代中期以前，还没有出现现在常用的磁盘，也没有专门用于管理数据的软件，数据是由计算和处理它的程序自行携带的。

2. 文件系统阶段

随着软硬件技术的发展，在 20 世纪 50 年代后期到 20 世纪 60 年代中期，计算机开始应用于管理领域。随着磁盘以及高级语言和操作系统的出现，程序和数据有了一定的独立性，出现了程序文件和数据文件，这就是所谓的文件系统阶段。

3. 数据库系统阶段

随着网络技术的发展，计算机软硬件功能的进步，到 20 世纪 60 年代后期，计算机已可以管理规模巨大的数据。此时，如果计算机还使用文件系统来管理数据，则远远不能满足各种应用需求，于是出现了数据库技术，特别是关系型数据库技术。该阶段就是所谓的数据库系统阶段。

到目前为止，处理数据的技术仍然处于数据库系统阶段。该阶段的数据处理涉及多种概念：数据库、数据库管理系统和数据库系统，如果想完全掌握数据库系统阶段的数据处理技术，必须熟悉这些概念。

数据库（DataBase，DB）是指长期保存在计算机的存储设备上，按照一定规则组织起来，可以被各种用户或应用共享的数据集合。

数据库管理系统（DataBase Management System，DBMS）是指一种操作和管理数据库的大型软件，用于建立、使用和维护数据库，对数据库进行统一管理和控制，以保证数据库的安全性和完整性。用户可通过数据库管理系统访问数据库中的数据。当前比较流行和常用的数据库管理系统有 Oracle、MySQL、SQL Server 和 DB2 等。

数据库系统（DataBase System，DBS）是指在计算机系统中引入数据库后的系统，通常由计算机硬件、软件、数据库管理系统和数据管理员组成。

有时，人们习惯用数据库来表示所使用的数据库软件，这样容易引起误解，确切地说，数据库软件是指数据库管理系统，数据库是通过数据库管理系统创建和操作的容器。

二、SQL 语句

SQL 的全称是 Structure Query Language（结构化查询语言），是目前广泛使用的关系数据库标准语言。该语言是由 IBM 公司在 20 世纪 70 年代开发出来的，被作为 IBM 关系数据库 SystemR 的原型关系语言，实现关系数据库中信息的检索。

由于 SQL 具有简单易学、功能丰富和使用灵活的特点，因此受到众多人的追捧。经过不断的发展、完善和扩充，SQL 被美国国家标准局（ANSI）确定为关系型数据库语言的美国标准，后来又被国际标准化组织（ISO）采纳，成为关系数据库语言的国际标准。各种 SQL 标准的出台，使得所有数据库生产厂家都推出了各自支持 SQL 的数据库管理系统，本书所介绍的 MySQL 数据库也实现了对 SQL 的支持。

SQL 具有数据库管理系统的所有功能，包括数据定义语言、数据操作语言和数据控制语言。SQL 具有如下优点：

（1）SQL 不是某个特定数据库供应商专有的语言。几乎所有重要的数据库管理系统都支持 SQL，所以只要学会了 SQL 就能与所有数据库进行交互。

（2）简单易学。该语言的语句都是由描述性很强的英语单词组成的，而且单词数量不多。

（3）高度非过程化。用 SQL 进行数据库操作，只要指出“做什么”即可，无须指明“怎么做”，存取路径的选择和操作的执行由数据库管理系统自动完成。

三、SQL 与开源

所谓“开源”，就是开放资源（Open Source）的意思。不过在程序界更多人习惯将其理解为“开放源代码”。开放源代码运动起源于自由软件和黑客文化，最早产生于 1997 年在加州召开的一个研讨会，参会人员包括黑客和程序员，也有来自 Linux 国际协会的人员，会议上通过了一个新的术语“开源”。1998 年 2 月，网景公司正式公布其开发的 Navigator 浏览器的源代码，这一事件成为开源软件发展历史的转折点。

软件开源的发展历程为软件行业及非软件行业带来了巨大的参考价值。虽然获取开放软件的源码是免费的，但是对源码的使用、修改却需要遵循该开源软件所作的许可声明。开源软件常用的许可证方式包括 BSD（Berkeley Software Distribution）、Apache License、GPL（General Public License）等，其中 GPL 是最常见的许可证之一，为许多开源软件所采用。

在计算机发展的早期阶段，软件几乎都是开源的，任何人使用软件的同时都可以查看软件的源代码，或者根据自己的需要去修改它。在程序员社团中，大家互相分享软件，共同提高知识水平。在开源文化的强力带动下，诞生了强大的开源操作系统 Linux，其他还有 Apache 服务器、Perl 程序语言、MySQL 数据库、Mozilla 浏览器等。

四、MySQL 的发展历史

MySQL 的历史最早可以追溯到 1979 年。Monty Widenius 用 BASIC 设计了一个报表工具，过了不久，又使用 C 语言重写此工具并移植到 UNIX 平台，当时其只是一个底层的面向报表的存储引擎。这个工具叫作 Unireg。

1985 年，David Axmark、Allan Larsson 和 Michael Widenius 成立了一家公司，这就是 MySQLAB 的前身。公司并不开发数据库产品，而是在实现想法的过程中需要一个数据库并希望能够使用开源的产品。但在当时没有合适的选择，因此自己设计了一个利用索引顺序存取数据的方法，也就是 ISAM（Indexed Sequential Access Method），存储引擎核心算法的前身。此软件以创始人之一 Michael Widenius 以女儿 My 的名字命名该数据库。MySQL 的 Logo 为海豚，海豚代表了速度、动力、精确等 MySQL 所拥有的特性。

MySQL 是一款免费开源、小型、关系型数据库管理系统。随着该数据库功能的不断完善，其性能不断提高、可靠性不断增强。2000 年 4 月，MySQL 对旧的存储引擎进行了整理，命名为 MyISAM。2001 年，支持事务处理和行级锁存储引擎 InnoDB 被集成到 MySQL 发行版中，该版本集成了 MyISAM 与 InnoDB 存储引擎。MySQL 与 InnoDB 的正式结合版本是 4.0，经典的 4.1 版本于 2004 年 10 月发布。2005 年 10 月发布的 MySQL 5.0 加入了游标、存储过程、触发器、视图和事务的支持。在 5.0 之后的版本里，MySQL 明确地表现出迈向高性能数据库的发展步伐。MySQL 公司于 2008 年 1 月 16 号被 SUN 公司收购，而在 2009 年 SUN 公司又被 Oracle 公司收购。MySQL 的发展前途一片光明。

MySQL 虽然是免费的，但与其他商业数据库一样，具有数据库系统的通用性，提供了数据的存取、增加、修改、删除或更加复杂的数据操作。同时，MySQL 是关系型的数据库系统，支持标准的结构化查询语言，MySQL 为客户端提供了不同的程序接口和链接库，如 C、C++、Java、PHP 等。目前，MySQL 被广泛应用在 Internet 上的中小型网站中。由于其具有体积小、速度快、总体拥有成本低，尤其是开放源码这一特点，因此许多中小型网站为了降低网站总体拥有成本而选择了 MySQL 作为网站数据库。

目前 MySQL 可以下载的最新版本为 MySQL 8.0 版本。在该版本中，数据库的可扩展性、集成度以及查询性能都得到提升。新增功能包括：实现全文搜索，开发者可以通过 InnoDB 存储引擎列表进行索引和搜索基于文本的信息；InnoDB 重写日志文件容量增至 2TB，能够提升写密集型应用程序的负载性能；加速 MySQL 复制；提供新的编程接口，用户可以将 MySQL 与新的和原有的应用程序以及数据存储无缝集成。

1.1 安装前的准备

任务描述

检查软硬件并下载 MySQL 安装包。

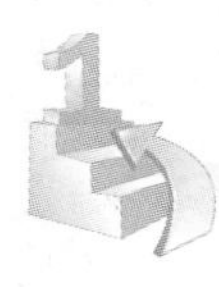

设计过程

1. 软件和硬件要求

软件和硬件要求见表 1.1。

表 1.1 软件和硬件的要求

硬件要求	处理器类型： Pentium III 兼容处理器或速度更快的处理器	处理器主频： 最低：1.0GHz 建议：2.0GHz 或更快	内存容量： 最小：1GB 建议：2GB 或更大
操作系统要求	Windows 7 各种版本 Windows Server 2008 P2 各种版本		

2. 下载安装包

（1）打开 MySQL 官网 https: //www.mysql.com/。

（2）进入官网后，单击【DOWNLOADS】，然后将页面往下拉，如图 1.1 所示。

图 1.1　单击【**DOWNLOADS**】

（3）标记框中的链接是 MySQL 社区版，是免费的 MySQL 版本，如图 1.2 所示。

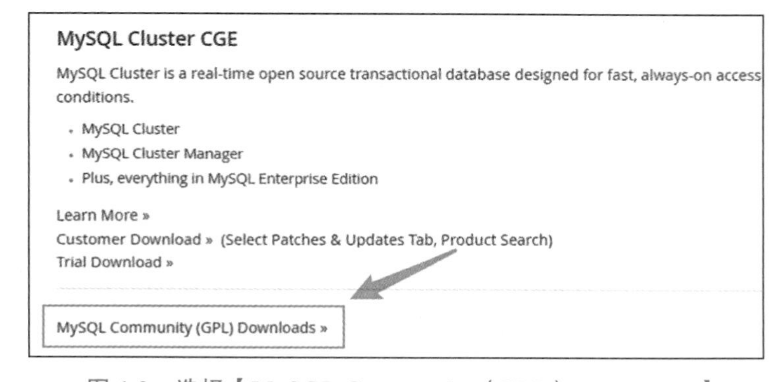

图 1.2　选择【**MySQL Community（GPL）Downloads**】

（4）选择社区版的 MySQL Community Server，如图 1.3 所示。

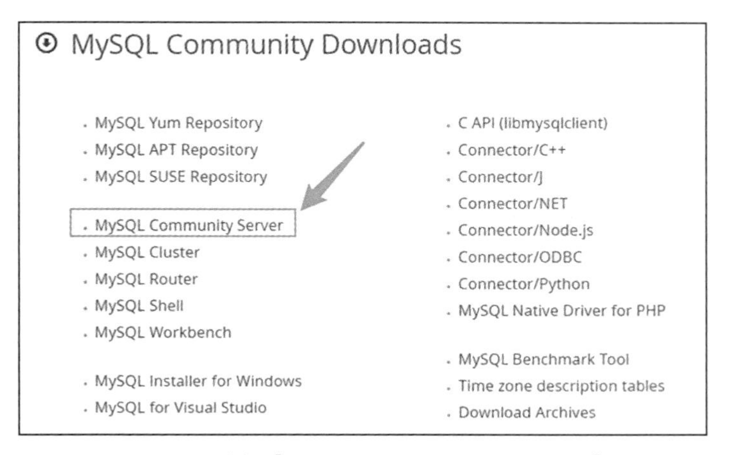

图 1.3　选择【**MySQL Community Server**】

（5）单击【Download】按钮，如图 1.4 所示。

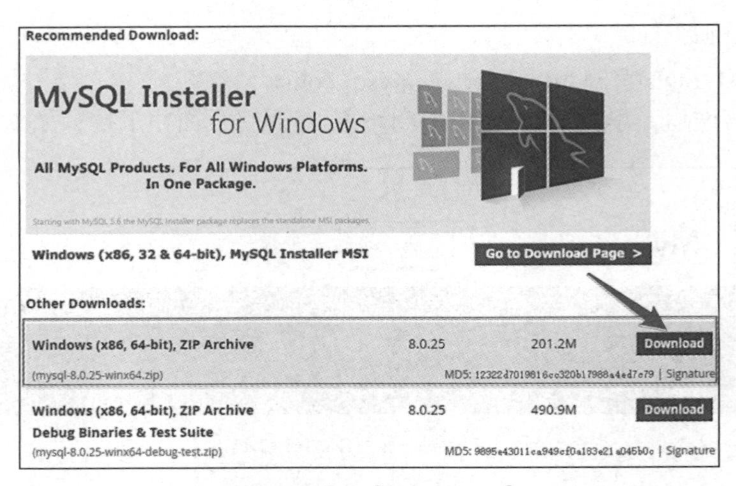

图 1.4　单击【Download】

（6）选择【No thanks, just start my download】，开始下载，如图 1.5 所示。

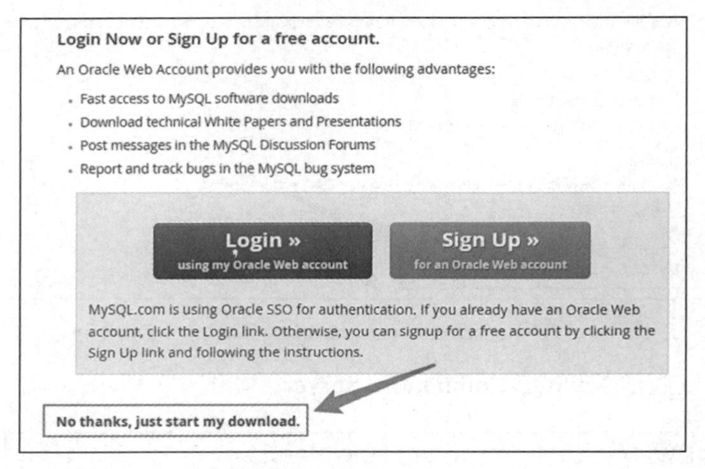

图 1.5　选择【No thanks, just start my download】

（7）安装包下载完毕，如图 1.6 所示。

注意：安装目录应当放在指定位置，绝对路径中避免出现中文。

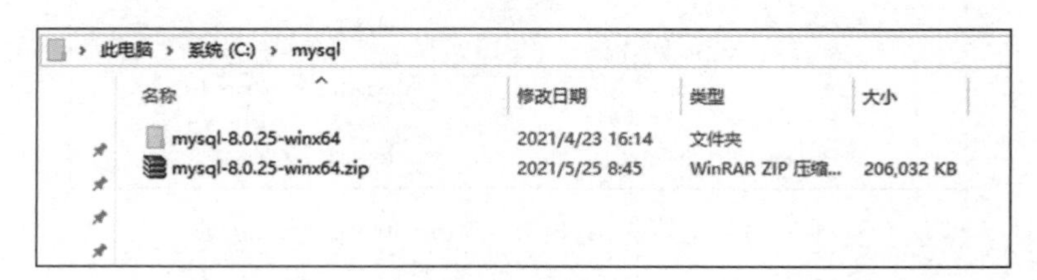

图 1.6　安装包

1.2 安装并配置 MySQL

任务描述

按要求安装 MySQL，并根据应用环境进行设置。

设计过程

1. 安装配置过程

（1）以管理员身份打开命令行，如图 1.7 所示。注意，一定要是管理员身份，否则会因后续部分命令需要权限而出现错误！

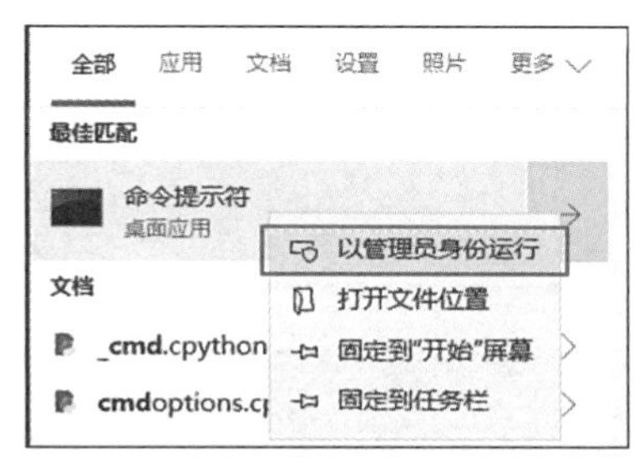

图 1.7　选择【以管理员身份运行】

（2）切换到 mysql 的 bin 目录下，如图 1.8 所示。

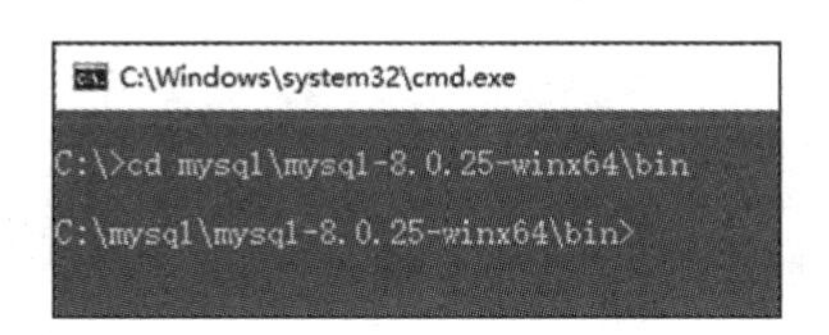

图 1.8　切换到 bin 目录下

（3）安装 MySQL 的服务：mysqld-install，如图 1.9 所示。

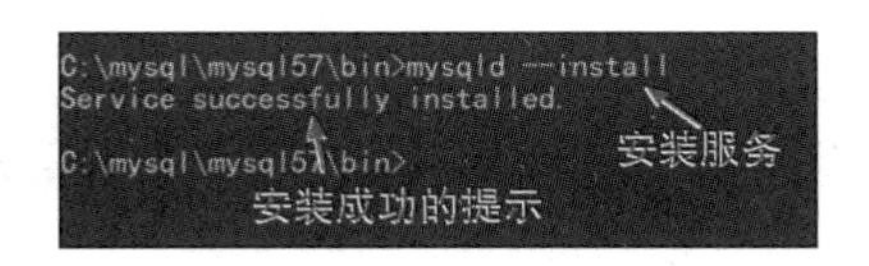

图 1.9　安装 MySQL 的服务

（4）初始化 MySQL。初始化会产生一个随机密码，如图 1.10 右下方的标记框所示，记住这个密码，后面会用到。

```
C:\Windows\system32\cmd.exe
C:\mysql\mysql-8.0.25-winx64\bin>mysqld --initialize --console
2021-05-25T01:35:11.575343Z 0 [System] [MY-013169] [Server] C:\mysql\mysql-8.0.25-winx64\bin\mysqld.exe (mysqld 8.0.25) initializi
ng of server in progress as process 18332
2021-05-25T01:35:11.596050Z 1 [System] [MY-013576] [InnoDB] InnoDB initialization has started.
2021-05-25T01:35:13.255936Z 1 [System] [MY-013577] [InnoDB] InnoDB initialization has ended.
2021-05-25T01:35:17.783784Z 6 [Note] [MY-010454] [Server] A temporary password is generated for root@localhost: EpIe6w.z84wK

C:\mysql\mysql-8.0.25-winx64\bin>
```

图 1.10　生成密码

（5）开启 MySQL 服务（net start mysql），如图 1.11 所示。

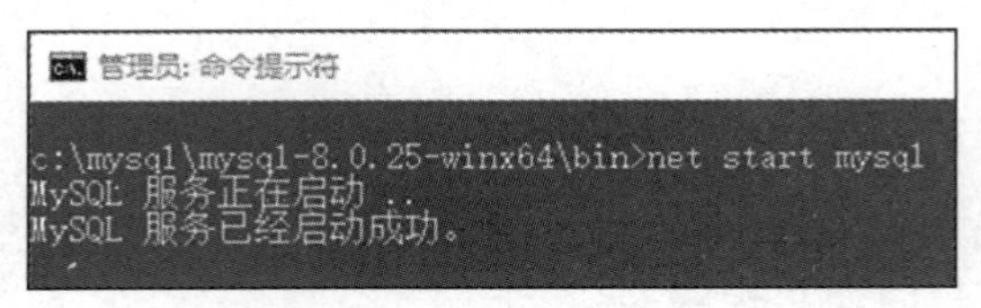

图 1.11　开启 MySQL 服务

（6）登录验证 MySQL 是否安装成功。如果命令窗口和图 1.12 所示一样，则说明 MySQL 已经安装成功。注意，一定要先开启服务，不然登录会失败，出现拒绝访问的提示信息。

```
管理员: 命令提示符 - mysql  -u root -p
c:\mysql\mysql-8.0.25-winx64\bin>mysql -u root -p
Enter password: ****
Welcome to the MySQL monitor.  Commands end with ; or \g.
Your MySQL connection id is 8
Server version: 8.0.25 MySQL Community Server - GPL

Copyright (c) 2000, 2021, Oracle and/or its affiliates.

Oracle is a registered trademark of Oracle Corporation and/or its
affiliates. Other names may be trademarks of their respective
owners.

Type 'help;' or '\h' for help. Type '\c' to clear the current input statement.

mysql>
```

图 1.12　登录验证

（7）修改密码，由于初始化产生的随机密码太复杂，不便于记忆，因此，我们可以修改一个便于记忆的密码，如图 1.13 所示。

```
mysql> alter user 'root'@'localhost' identified by 'root';
Query OK, 0 rows affected (0.13 sec)

mysql>
```

图 1.13　修改密码

（8）登录验证新密码，如图 1.14 所示。

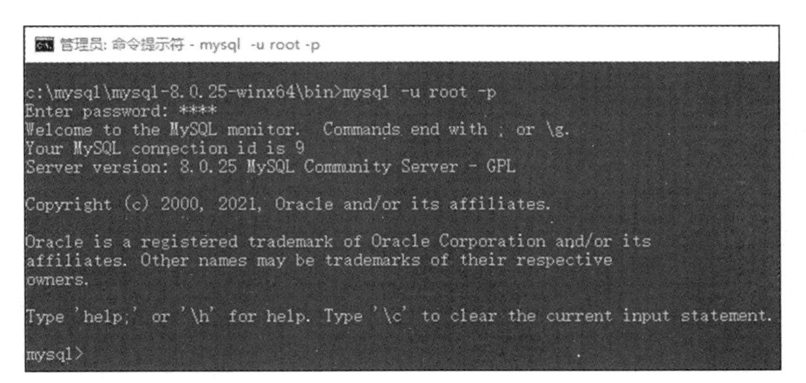

图 1.14 验证新密码

2. 设置系统的全局变量

为了方便登录 MySQL，可以设置一个全局变量。

（1）右击“我的电脑”，选择【属性】→【高级系统设置】→【环境变量】，打开【环境变量】对话框，如图 1.15 所示。

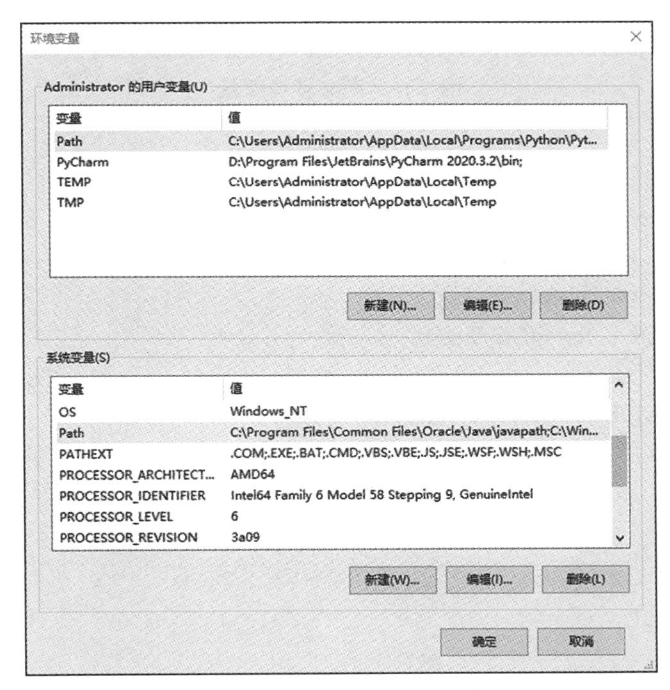

图 1.15 【环境变量】对话框

（2）单击【新建】按钮新建一个环境变量，如图 1.16 所示。

（3）把新建的 MySQL 变量添加到 Path 路径变量中，单击【确定】按钮。

（4）配置完成之后，便可通过在【开始】菜单的【运行】对话框中输入“cmd”来登录 MySQL。

图 1.16　新建环境变量

3. 命令汇总

（1）安装服务：mysqld--install

（2）初始化：mysqld--initialize-console

（3）开启服务：net start mysql

（4）关闭服务：net stop mysql

（5）登录 MySQL：mysql-u root-p

（6）修改密码：alter user 'root'@'localhost' identified by 'root'；（by 接着的是密码）

（7）标记删除 MySQL 服务：sc delete mysql

思考与练习

简答题

1. 什么是 MySQL？

2. 安装 MySQL 要经过哪几个步骤？

3. 如何开启和关闭 MySQL 服务？

4. 如何更改服务器的密码为“root”。

单元 2

MySQL 的数据管理

工作任务

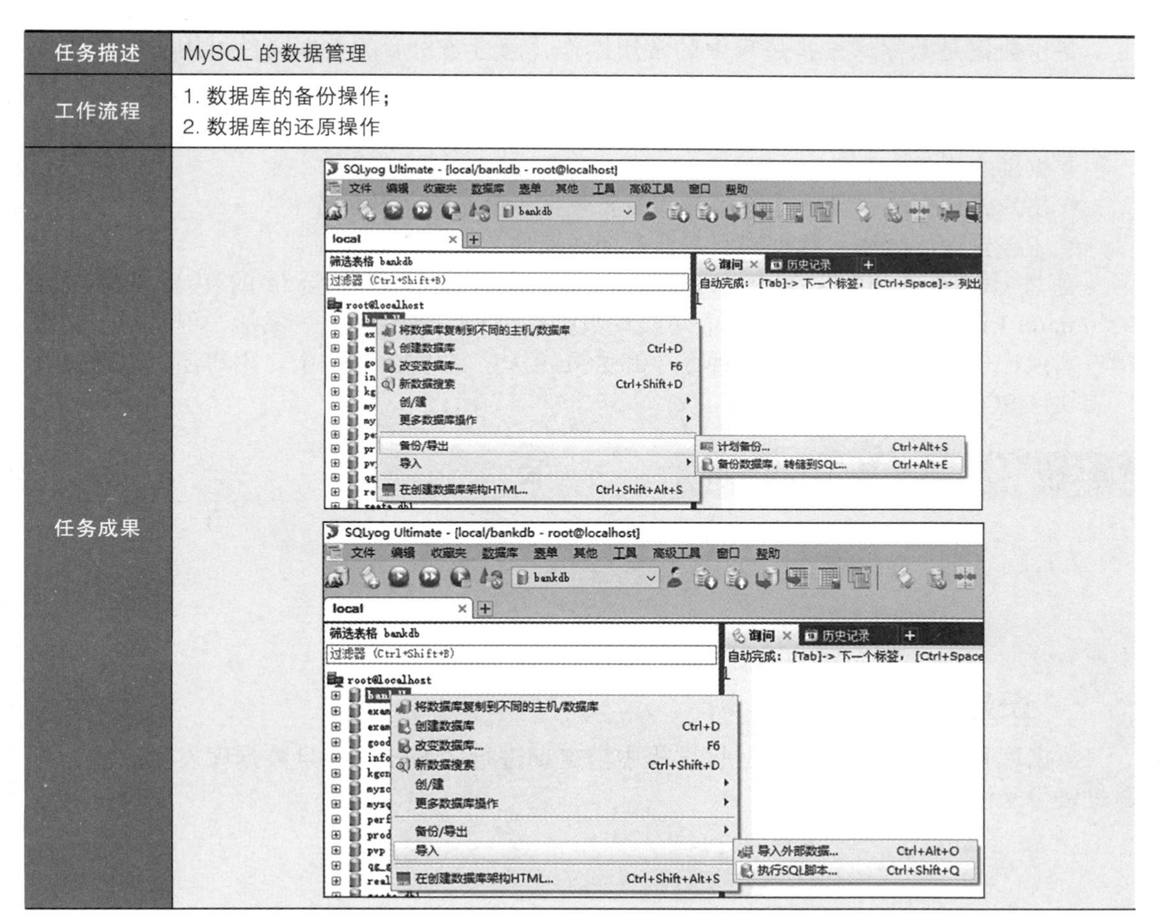

任务描述	MySQL 的数据管理
工作流程	1. 数据库的备份操作； 2. 数据库的还原操作
任务成果	（见上图）

续表

知识目标	掌握数据库的备份与还原的方法
能力目标	1. 能够进行数据库的备份与还原； 2. 培养查阅文档、自主学习的能力

在任何数据库环境中，计算机系统的各种软硬件故障、人为破坏及用户误操作等都是不可避免的，这就有可能导致数据的丢失、服务器瘫痪等严重后果。为了有效防止数据丢失，并将损失降到最低，用户应定期对 MySQL 数据库服务器进行维护。数据库维护，包含数据备份、还原、导出和导入操作。

对于大型应用程序，经常会出现滞缓和性能问题，起因多为数据库问题。于是优化和维护数据库成为用户的必备技能。通过对数据库性能进行优化，不仅可使数据库运行速度更快，还可以使磁盘空间更小。

所谓数据库维护，主要包含备份数据、还原数据和数据库迁移，对于 MySQL 来说，还包含数据库对象表的导出和导入。通过数据备份和还原可以保证 MySQL 服务器的数据安全。

备份数据是数据库维护过程中的常用操作，通过备份后的数据文件可用于在数据库发生故障后还原和恢复数据。可能造成数据损失的原因很多，包含以下几个方面：

- 存储介质故障：保存数据库文件的磁盘设备损坏，用户没有对数据库备份导致数据彻底丢失。
- 用户错误操作：如误删除了某些重要数据，甚至整个数据库。
- 服务器彻底瘫痪：数据库服务器若彻底瘫痪，需要重建系统。

通过 DOS 窗口执行命令或通过 MySQL 数据库服务器自带的工具“MySQL Command LineClient”执行 SQL 语句实现数据库维护，虽然高效、灵活，但是对于初级用户来说比较困难，需要掌握各种命令和 SQL 语句。在实际操作中，用户还可以通过客户端软件 SQLyog 来维护数据库。

2.1 学生成绩数据库的备份

2.1.1 创建备份设备

任务描述

数据库备份是数据库系统运行过程中需定期进行的操作，一旦数据库发生故障，可通过备份来恢复数据库。

设计过程——创建备份文件

在 MySQL 中，可以将数据库备份到磁盘或者磁带中。下面介绍如何在数据库中创建备份文件。

（1）启动 SQLyog，在对象资源管理器窗口展开树型目录，在服务器下选择要备份的数据库，右击。

（2）在右键菜单中选择【备份 / 导出】→【备份数据库，转储到 SQL 文件】，打开【SQL 转储】对话框，如图 2.1 所示。

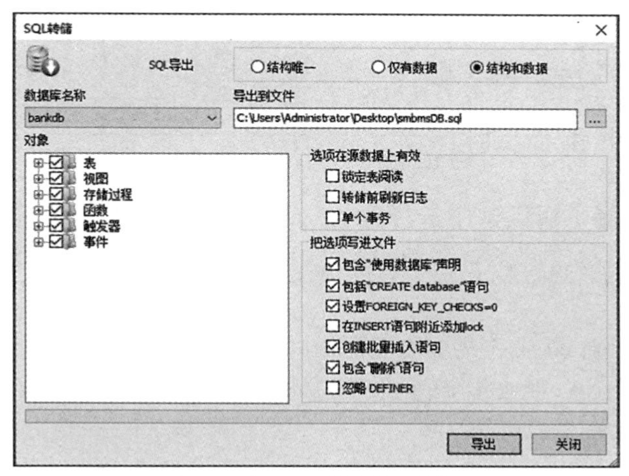

图 2.1 【SQL 转储】对话框

（3）在【SQL 转储】对话框里选择要备份的类型：结构唯一、仅有数据、结构和数据，以及数据库中的对象。选择导出到文件的路径和文件名，文件类型为 SQL。由此可见，MySQL 中备份导出的也只是一个文件。

（4）设置完毕后，单击【导出】按钮完成创建备份文件操作。

2.1.2 数据库备份

任务描述

本任务以备份学生成绩数据库为例，介绍如何使用 SQLyog 备份数据库。

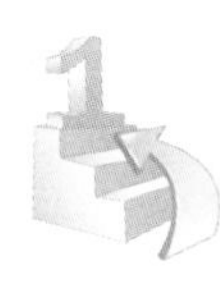

设计过程——数据库备份

（1）启动 SQLyog，在对象资源管理器窗口展开树型目录，选中【StudentDB】，右击。

（2）在右键菜单中选择【备份 / 导出】→【备份数据库，转储到 SQL 文件】，打开【SQL 转储】对话框，如图 2.2 所示。

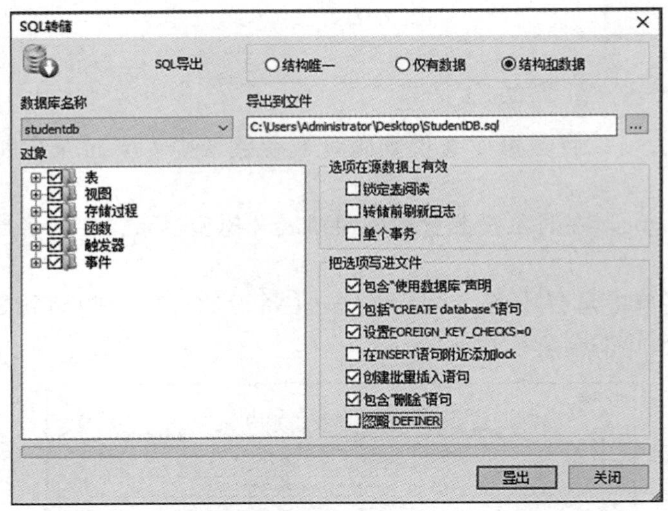

图 2.2 【SQL 转储】对话框

（3）在【SQL 转储】对话框中选择要备份的类型。

知识卡：

（1）结构唯一。结构唯一是指备份当前数据库中所选择的数据库对象，包含表、视图、存储过程、函数、触发器和事件等，以创建语句的形式存储在 SQL 文件中，但不包含表中存储的数据。

（2）仅有数据。仅有数据是指备份当前数据库中所选择的表的数据，以插入语句的形式存储到 SQL 文件中，但不包含表结构的创建语句。

（3）结构和数据。结构和数据是指前两种方式的总和，既有数据库对象的创建语句，也有表中数据的插入语句，共同存储在 SQL 文件中。

（4）单击【导出】按钮，完成导出，如图 2.3 所示。

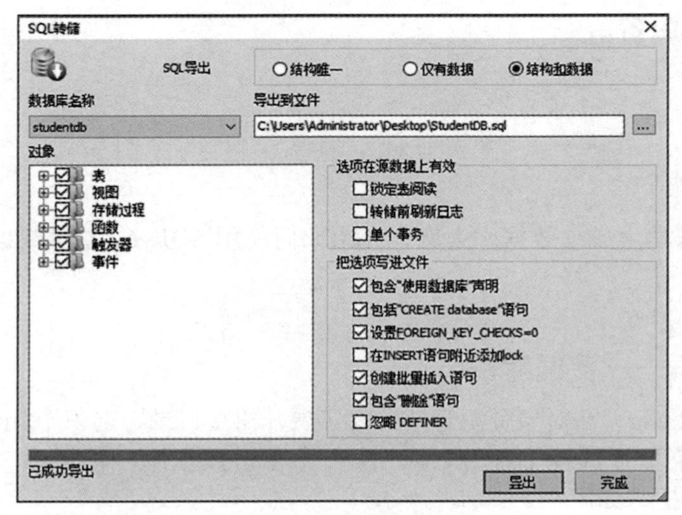

图 2.3　导出完成

（5）在导出路径中查看导出文件。

2.2 学生成绩数据库的还原

任务描述

本任务以还原学生成绩数据库为例，介绍如何使用 SQLyog 还原数据库。

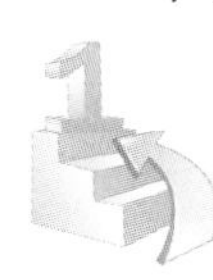

设计过程——数据库还原

数据库备份后，一旦数据库发生故障，就可以将数据库备份加载到系统，使数据库恢复到备份时的状态，这个过程称为数据库的还原。还原是与备份相对应的数据库管理工作，系统进行数据库还原的过程中，自动执行 SQL 文件，然后根据数据库备份文件的内容自动创建数据库结构，并且恢复数据库中的数据。

在还原数据库前，需要检查备份文件是否正确，同时还要确保要还原的数据库没有他人正在使用，否则无法还原数据库。

（1）启动 SQLyog，在对象资源管理器窗口选择服务器根节点，右击选择【执行 SQL 脚本】，打开【从一个文件执行查询】对话框，如图 2.4 所示。

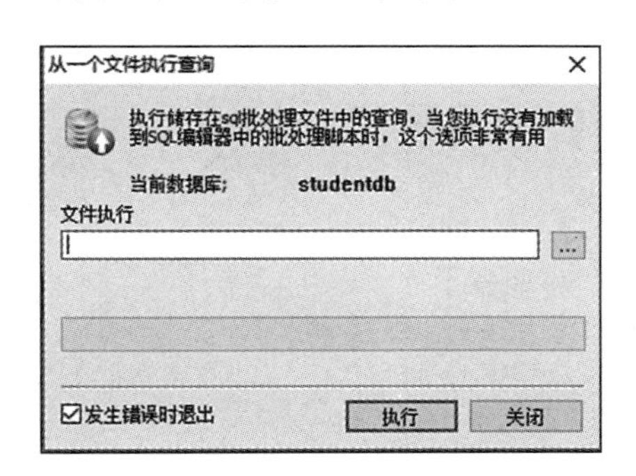

图 2.4 执行 SQL 脚本

（2）在对话框里选择要执行的备份文件。

（3）勾选【发生错误时退出】，如果文件中存在的错误不影响整体还原，可以不勾选。

（4）设置完毕后，单击【执行】按钮完成还原操作。

思考与练习

一、填空题

1. 在 MySQL 中有 3 种备份类型，分别是________、________和________。

2. 数据库对象包含________、________、________、________、________和________。

3. ________和________是保护数据库中数据的重要手段。

二、选择题

1. 下列哪一项不属于备份数据库的原因？（　　）

A. 数据库崩溃时恢复

B. 将数据从一个服务器转移到另一个服务器

C. 记录数据的历史档案

D. 将数据从 Access 数据库转换到 MySQL 数据库中

2. 用于备份数据库的命令是（　　）。

A. mysqldump-u root-p dbName>sqlFilePath

B. BACKUP LOG

C. BACKUP DATABASE

D. BACKUP DATA

3. 用于备份所有的数据库的命令是（　　）。

A. mysqldump-u root-p mysql user>msyql-user.sql

B. mysqldump-u root-p auth>auth.sql

C. mysqldump-u root-p--all-databases>all-db.sql

D. mysqldump-u root-p--databases>all-db.sql

4. 下列不属于数据库恢复方式的是（　　）。

A. 仅恢复数据库对象的结构

B. 仅恢复数据库表中的数据

C. 仅恢复日志

D. 恢复数据库对象的结构和数据

三、简答题

1. 简述备份的优点和缺点？

2. 简述数据库恢复要执行哪些操作？

3. 简述数据库备份中几种类型的应用场景？

单元 3

办公设备管理系统数据库的创建与管理

工作任务

任务描述	创建与管理办公设备管理系统数据库
工作流程	1. 用 SQLyog 和 SQL 语句创建数据库； 2. 用 SQLyog 和 SQL 语句查看数据库； 3. 用 SQLyog 和 SQL 语句删除数据库； 4. 导入、导出数据库
任务成果	新连接 筛选表格 bgsbdb 过滤器 (Ctrl+Shift+B) root@localhost bgsbdb 表 视图 存储过程 函数 触发器 事件 information_schema mysql performance_schema sys
知识目标	1. 熟练掌握利用 SQLyog 和 SQL 语句创建、查看和删除数据库的方法； 2. 熟练掌握导入、导出数据库的操作
能力目标	1. 能够使用 SQLyog 和 SQL 语句创建、查看和删除数据库； 2. 能够熟练地进行导入与导出数据库的操作； 3. 成为德智体美劳全面发展的社会主义建设者和接班人

理论知识

用户连接 MySQL 服务器后，即可操作存储到数据库对象里的数据。在具体介绍数据库操作之前，首先明确两个概念：数据库、数据库对象。

简而言之，数据库就是一个具有特定排放顺序的文件柜，而数据库对象则是存放在文件柜中的各种文件。

在 MySQL 中，数据库可以分为系统数据库和用户数据库两大类。

系统数据库是指安装 MySQL 服务器后，附带的一些数据库。系统数据库会记录一些必需的信息，用户不能直接修改这些系统数据库。各个系统数据库的作用如下：

- information_schema：主要存储系统中的一些数据库对象信息，如用户表信息、列信息、权限信息、字符集信息和分区信息等。
- performance_schema：主要存储数据库服务器性能参数。
- mysql：主要存储系统的用户权限信息。
- test：该数据库为 MySQL 数据库管理系统自动创建的测试数据库，任何用户都可以使用。

用户数据库是用户根据实际需求创建的数据库，如 userdatabase 数据库便属于用户数据库。

既然数据库是存储数据库对象的容器，那么什么是数据库对象呢？数据库可以存储哪些数据库对象呢？数据库对象是指存储、管理和使用数据的不同结构形式，主要包含表、视图、存储过程、函数、触发器和事件等。

在 SQLyog 客户端软件的“对象资源管理器”中，每个数据库节点下都包含一个树形路径结构，其中的每个具体子节点都是数据库对象。关于数据库对象，后面单元将具体介绍。

数据库的操作包括创建数据库、查看数据库、选择数据库，以及删除数据库，本单元将详细介绍如何创建数据库。创建数据库，实际上就是在数据库服务器中划分一块空间，用来存储相应的数据库对象。

3.1 创建办公设备管理系统数据库

3.1.1 使用 SQLyog 创建数据库

任务描述

利用 SQLyog 创建办公设备管理系统的数据库 bgsbDB。

设计过程——用 SQLyog 创建数据库

（1）单击【root@localhost】根节点，选择【创建数据库】，在右侧的【数据库名称】文本框中输入要创建的数据库的名称 bgsbDB，将基字符集设置为 utf8，如图 3.1 和图 3.2 所示。

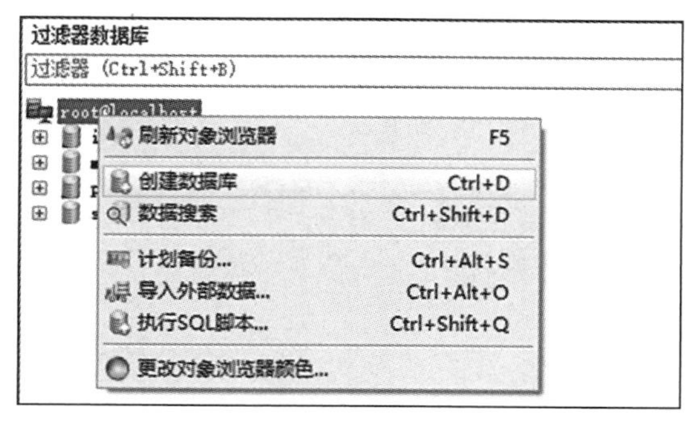

图 3.1 选择【创建数据库】

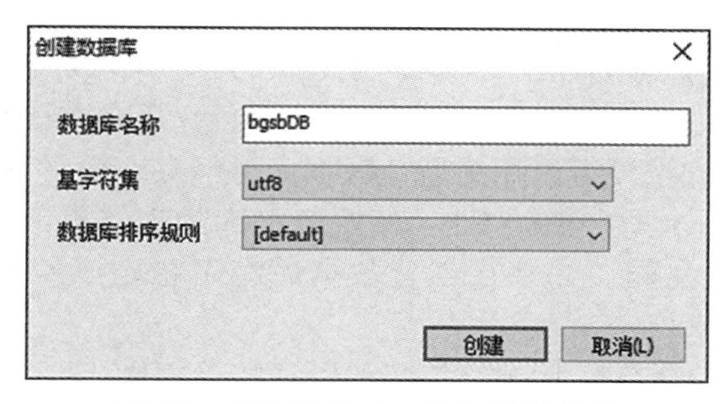

图 3.2 设置数据库名称和基字符集

（2）在左侧数据库下拉列表中可以发现新建的数据库 bgsbdb，如图 3.3 所示。

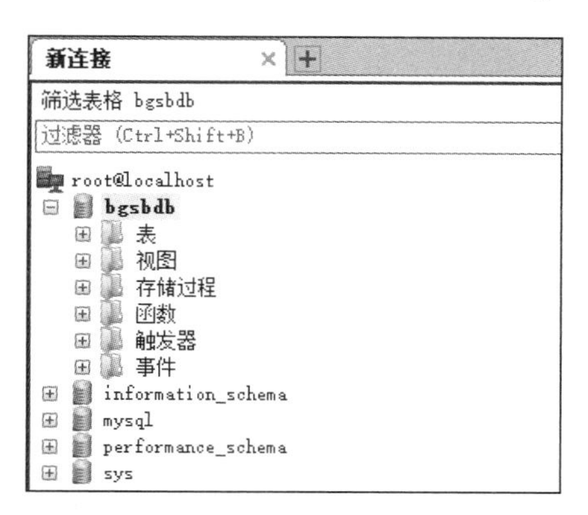

图 3.3 查看新建的数据库

3.1.2 使用 SQL 语句创建数据库

任务描述

利用 SQL 语句创建办公设备管理系统的数据库 bgsbDB。

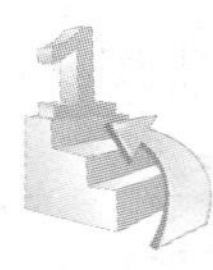

设计过程——用 SQL 语句创建数据库

用 SQL 语句创建数据库是指在系统磁盘上划分一块区域用于数据的存储和管理。MySQL 中创建数据库的基本语法格式如下：

```
CREATE DATABASE [IF NOT EXISTS] < 数据库名 >
[[DEFAULT] CHARACTER SET < 字符集名 >]
[[DEFAULT] COLLATE < 校对规则名 >];
```

语法说明如下：

- 语句中的“[]”内为可选项。
- < 数据库名 >：创建数据库的名称。MySQL 的数据存储区将以目录方式显示 MySQL 数据库，因此数据库名称必须符合操作系统的文件夹命名规则，不能以数字开头，尽量要有实际意义。注意，在 MySQL 中不区分大小写。
- IF NOT EXISTS：在创建数据库之前进行判断，只有在该数据库目前尚不存在时才能执行操作。此选项可以用来避免数据库已经存在而重复创建的错误。
- [DEFAULT] CHARACTER SET：指定数据库的字符集，目的是避免在数据库中存储的数据出现乱码。如果在创建数据库时不指定字符集，系统会使用默认字符集。
- [DEFAULT] COLLATE：指定字符集的默认校对规则。

【例 3.1】 在 MySQL 中创建一个名为 bgsbDB 的数据库。

输入语句如下：

```
CREATE DATABASE   bgsbgb;
```

3.2 查看数据库信息

3.2.1 使用 SQLyog 查看数据库信息

任务描述

用 SQLyog 查看数据库信息。

设计过程——用 SQLyog 查看数据库信息

启动 SQLyog，在对象资源管理器中选择【bgsbdb】数据库，再选择【信息】，即可查看该数据库的信息，如图 3.4 所示。

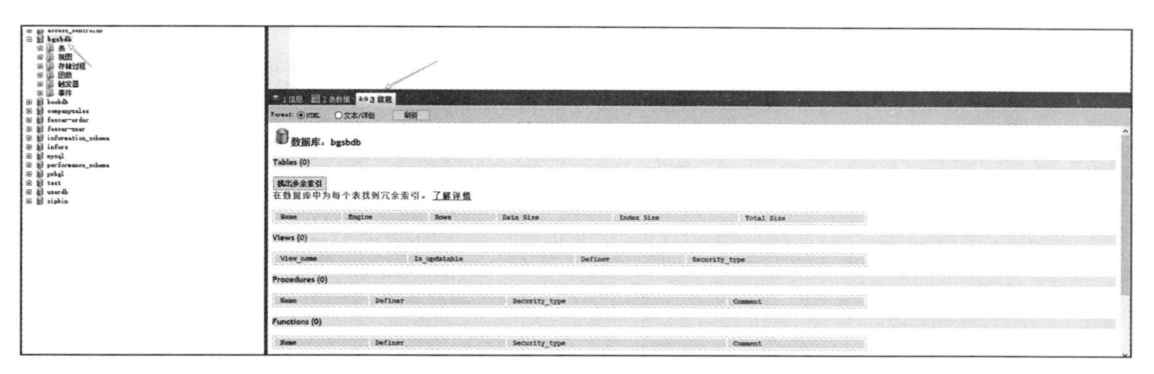

图 3.4 【数据库信息】窗口

3.2.2 使用 SQL 语句查看数据库列表

任务描述

用 SQL 语句查看数据库列表。

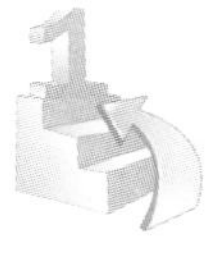

设计过程——用 SQL 语句查看数据库列表

（1）启动 SQLyog，单击工具栏上的【新建查询】按钮，在代码编辑窗口输入如下代码：

```
SHOW DATABASES;
```

（2）按 F9 键或者单击工具栏上的【执行查询】按钮可执行上述语句，在【结果】窗口显示数据库修改成功与否的信息，如图 3.5 所示。

自动完成：[Tab]-> 下一个标签，[Ctrl+Space]-> 列出所有标签，[Ctrl+E

```
1  SHOW DATABASES
2
```

1 结果　2 信息　3 表数据　4 信息

（只读）

Database
information_schema
access_controldb
bgsbdb
bookdb
companysales
fescar-order
fescar-user
infors
mysql
performance_schema
pxbgl
test
userdb
zipkin

图 3.5 运行结果

3.2.3 删除数据库

任务描述

删除办公设备管理系统数据库 bgsbDB。

设计过程——删除数据库

（1）用 SQLyog 删除数据库。

启动 SQLyog，在对象资源管理器中右击【bgsbDB】，选择快捷菜单中的【更多数据库操作】→【删除数据库】即可。

（2）用 SQL 语句删除数据库。

1）单击工具栏上【新建查询】按钮，在代码编辑窗口输入如下代码：

```
DROP DATABASE bgsbDB;
```

2）按 F9 键或者单击工具栏上的【执行查询】按钮可执行上述语句，结果如图 3.6 所示。

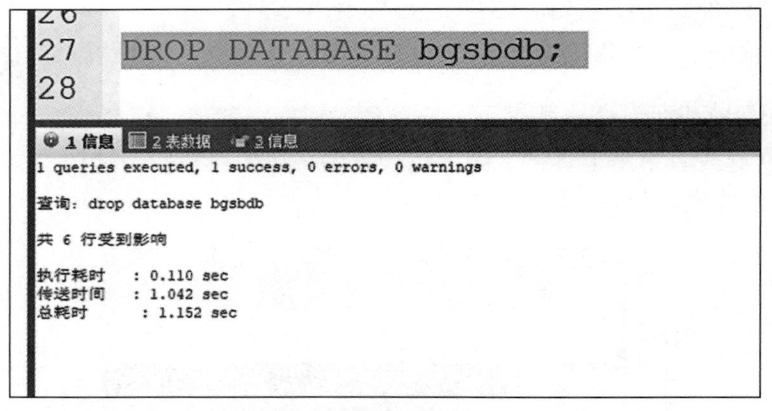

图 3.6 执行结果

3.2.4 导出数据库

任务描述

将 bgsbDB 数据库中的数据导出到文本文件。

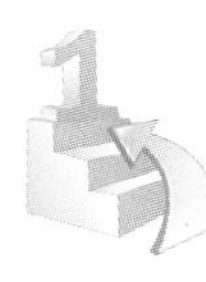

设计过程——导出数据库

（1）启动 SQLyog，在对象资源管理器中右击【bgsbDB】，在快捷菜单中选择【备份/导出】→【备份数据库，转储到 SQL】，如图 3.7 所示。

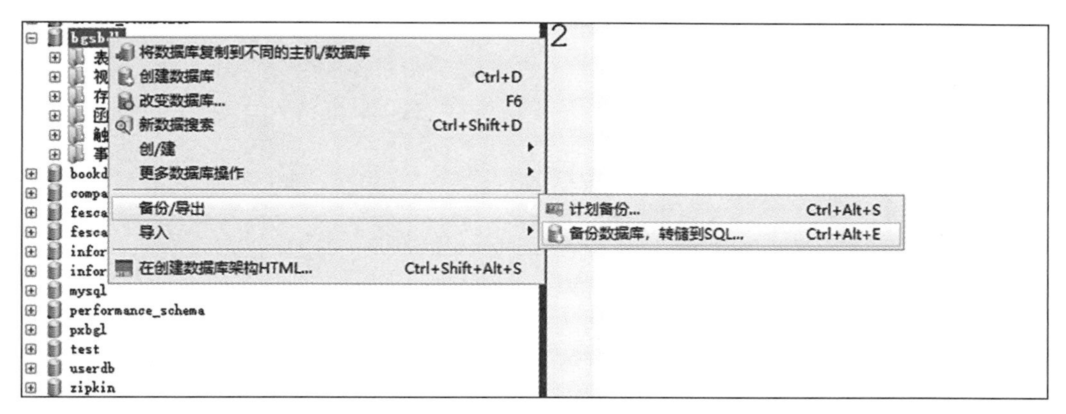

图 3.7　选择【备份数据库，转储到 SQL】

（2）在弹出的【SQL 转储】对话框中填写要导出的文件路径，选择导出类型为【结构和数据】，如图 3.8 所示。

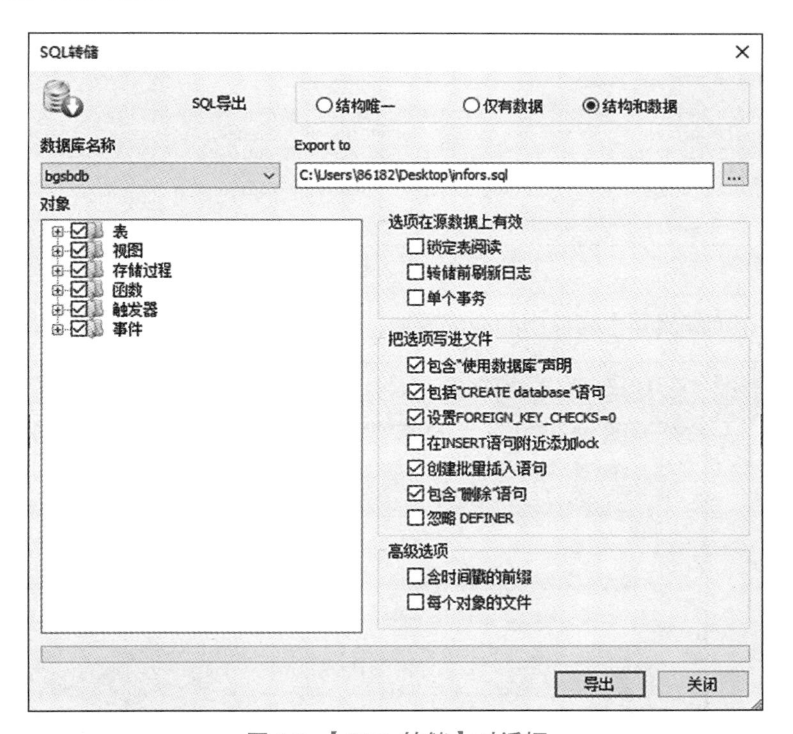

图 3.8　【SQL 转储】对话框

（3）选择完成之后单击【导出】按钮，等待导出完成，如图 3.9 所示。

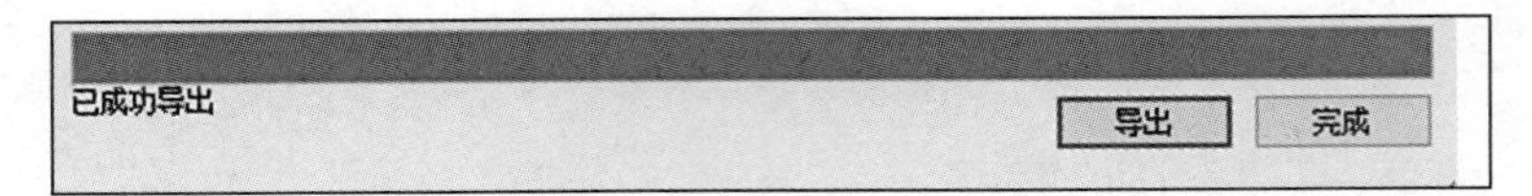

图 3.9　导出成功

3.2.5　导入数据库

任务描述

将文本文件中的数据导入数据库的数据表。

设计过程——导入数据库

（1）启动 SQLyog，新建【查询编辑器】窗口，将导出的 sql 文件里的内容粘贴到窗口中，如图 3.10 所示。

```
1  /*
2  SQLyog Ultimate v12.09 (64 bit)
3  MySQL - 5.5.28 : Database - bgsbdb
4  *********************************************************************
5  */
6
7
8  /*!40101 SET NAMES utf8 */;
9
10 /*!40101 SET SQL_MODE=''*/;
11
12 /*!40014 SET @OLD_UNIQUE_CHECKS=@@UNIQUE_CHECKS, UNIQUE_CHECKS=0 */;
13 /*!40014 SET @OLD_FOREIGN_KEY_CHECKS=@@FOREIGN_KEY_CHECKS, FOREIGN_KEY_CHECKS=0 */;
14 /*!40101 SET @OLD_SQL_MODE=@@SQL_MODE, SQL_MODE='NO_AUTO_VALUE_ON_ZERO' */;
15 /*!40111 SET @OLD_SQL_NOTES=@@SQL_NOTES, SQL_NOTES=0 */;
16 CREATE DATABASE /*!32312 IF NOT EXISTS*/`bgsbdb` /*!40100 DEFAULT CHARACTER SET ut
17
18 USE `bgsbdb`;
```

图 3.10　导入数据窗口

（2）选中【查询编辑器】窗口中的全部数据，单击【执行查询】按钮即可，如图 3.11 所示。

```
1  /*
2  SQLyog Ultimate v12.09 (64 bit)
3  MySQL - 5.5.28 : Database - bgsbdb
4  *********************************************************************
5  */
6
7
8  /*!40101 SET NAMES utf8 */;
9
10 /*!40101 SET SQL_MODE=''*/;
11
12 /*!40014 SET @OLD_UNIQUE_CHECKS=@@UNIQUE_CHECKS, UNIQUE_CHECKS=0 */;
13 /*!40014 SET @OLD_FOREIGN_KEY_CHECKS=@@FOREIGN_KEY_CHECKS, FOREIGN_KEY_CHECKS=0 */
14 /*!40101 SET @OLD_SQL_MODE=@@SQL_MODE, SQL_MODE='NO_AUTO_VALUE_ON_ZERO' */;
15 /*!40111 SET @OLD_SQL_NOTES=@@SQL_NOTES, SQL_NOTES=0 */;
16 CREATE DATABASE /*!32312 IF NOT EXISTS*/`bgsbdb` /*!40100 DEFAULT CHARACTER SET ut
17
18 USE `bgsbdb`;
```

图 3.11　选中数据

（3）导出完成后的效果如图 3.12 所示。

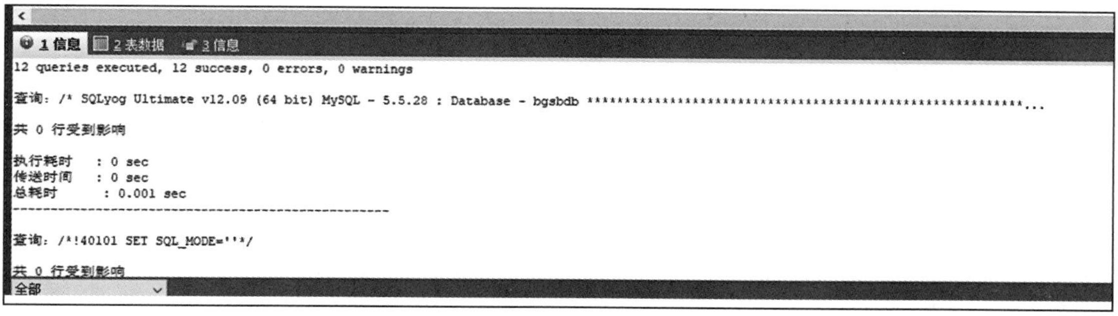

```
1 信息  2 表数据  3 信息
12 queries executed, 12 success, 0 errors, 0 warnings

查询：/* SQLyog Ultimate v12.09 (64 bit) MySQL - 5.5.28 : Database - bgsbdb ***...

共 0 行受到影响

执行耗时   : 0 sec
传送时间   : 0 sec
总耗时     : 0.001 sec
--------------------------------------------------

查询：/*!40101 SET SQL_MODE=''*/

共 0 行受到影响
全部
```

图 3.12　导出完成

思考与练习

一、填空题

1. 在 MySQL 中，用________来查看数据库列表。
2. 在 MySQL 中，可以导出________、________和________文件。
3. 选择当前数据库可使用________指令。

二、选择题

1. 在创建数据库时，使用（　　）指令。
   A. CREATE　DATABASE　　B. DESC　DATABASE
   C. DROP　DATABASE　　D. DELETE　DATABASE
2. 以下选项中（　　）是 DDL 语句。
   A. ALTER　TABLE　　B. CREATE　TABLE
   C. INSEART　　D. DELETE
3. 可以通过（　　）指令查看数据库列表信息。
   A. SHOW　DATABASE　　B. DESC
   C. DROP　　D. ALTER

三、判断题

1. MySQL 端口号默认是 3309。（　　）
2. 数据库系统其实就是一个应用软件。（　　）
3. 一个数据库中只能有一张数据表。（　　）

四、简答题

1. MySQL 是关系型数据库吗？
2. 简述 MySQL 的 3 种存储引擎。

单元 4

办公设备管理系统数据库中表的创建与管理

工作任务

任务描述	办公设备管理系统数据库中表的创建与管理
工作流程	1. 用 SQLyog 和 SQL 语句创建数据表； 2. 用 SQLyog 和 SQL 语句修改数据表； 3. 用 SQlyog 和 SQL 语句删除数据表
任务成果	bgxbdb 表 equips equips_style newtb_czmc tb_czmc tb_sbbf tb_sbry tb_sbry1 tb_sbry2 tuser tuser1 视图 存储过程 函数 触发器 事件
知识目标	1. 掌握创建数据表的方法； 2. 掌握查看、修改和删除数据表的方法
能力目标	1. 能够创建、修改和删除办公设备管理系统数据库中的数据表； 2. 培养刚健有力、自强不息的精神

理论知识

一、表的基本概念

在 MySOL 数据库中，表是包含数据库中所有数据的数据库对象，是组成数据库的基本元素，由若干字段组成，主要用来实现存储数据记录。表的操作包括创建表、查看表、删除表和修改表，均是数据库对象的表管理中最基本、最重要的操作。

数据在表中的组织方式与在电子表格中相似，都是按行和列的格式组织的。其中每一行代表一条唯一的记录，每一列代表记录中的一个字段。表中的数据库对象包含列、索引和触发器。

- 列（Columns）：也称属性列，创建表时必须指定列的名字和数据类型。
- 索引（Indexes）：根据指定的数据库表列建立起来的顺序，提供了快速访问数据的途径且可用于监督表的数据，使其索引所指向的列中的数据不重复。
- 触发器（Triggers）：用户定义的事务命令的集合，当对一个表中的数据进行插入、更新或删除时，这组命令就会自动执行，以确保数据的完整性和安全性。

二、数据类型

在 MySQL 数据库管理系统中，可以通过存储引擎来决定表的类型，即其决定了表的存储方式。同时，MySQL 数据库管理系统也提供了通过数据类型决定表存储数据的类型的方式。查看帮助文档可以发现，MySQL 数据库管理系统提供了整数类型、浮点数类型、定点数类型和位类型、日期和时间类型、字符串类型。

- 整数类型：MySQL 数据库管理系统除了支持标准 SQL 中的所有整数类型（SMALLINT 和 INT）外，还进行了相应扩展。扩展后增加了 TINYINT、MEDIUMINT 和 BIGINT 这 3 个整数类型。在使用 MySQL 数据库管理系统时，如果需要存储整数类型数据，则可以选择 TINYINT、SMALLINT、MEDIUMINT、INT、INTEGER 和 BIGINT 类型，至于选择这些类型中的哪一个，首先需要判断存储整数数据的取值范围，当不超过 255 时，选择 TINYINT 类型就足够了。另外，BIGINT 类型的取值范围最大，INT 类型是最常用的整数类型。
- 浮点数类型：MySQL 数据库管理系统除了支持标准 SQL 中的所有浮点数类型（FLOAT 和 DOUBLE）、定点数类型（DEC）外，还进行了相应扩展。扩展后增加了位类型（BIT）。在使用 MySQL 数据库管理系统时，如果需要存储小数数据，则可以选择 FLOAT 和 DOUBLE 类型，至于选择这两个类型中的哪一个，则需要判断存储小数数据需要精确到的小数位数，当需要精确到小数点后 10 位以上时，就需要选择 DOUBLE 类型。
- 日期和时间类型：MySQL 数据库管理系统中有多种表示日期和时间的数据类型。常用的日期和时间类型有：DATE、DATETIME、TIMESTAMP、TIME、YEAR。在具体应用中，如果要表示年月日，一般使用 DATE 类型；如果要表示年月日时分秒，一般使用 DATETIME 类型；如果需要经常插入日期或将日期更新为当前系统时间，一般使用 TIMESTAMP 类型；如果要表示时分秒，一般使用 TIME 类型；如果要表示年份，一般使用 YEAR 类型，因为该类型比 DATE 类型占用更少的空间。

- 字符串类型：数据库中最常用的类型是字符串类型，包括 CHAR 和 VARCHAR。字符串类型 CHAR 的字节数是 MB 级的，例如 CHAR（4）的数据类型为 CHAR，其最大长度为 4 字节。VARCHAR 类型的长度是可变的，其长度范围为 0 ～ 65 535。在具体使用 MySQL 数据库管理系统时，如果需要存储少量字符串，则可以选择 CHAR 和 VARCHAR 类型，具体选择哪一个，则需要判断所存储字符串长度是否经常变化，如果经常发生变化，则可以选择 VARCHAR 类型，否则选择 CHAR 类型。

表的操作包括创建表、查看表、删除表和修改表。本节将详细介绍如何创建表，所谓创建表就是在数据库中建立新表，该操作是进行其他表操作的基础。

三、表完整性约束

对于已经创建好的表，虽然字段的数据类型决定了所能存储的数据类型，但是表中所存储的数据是否合法并没有得到检查。如果想针对表中的数据做一些完整性的检查，可以通过表的完整性约束来完成。

完整性是指数据的准确性和一致性，完整性检查就是检查数据的准确性和一致性。MySQL 数据库管理系统提供了一套机制来检查数据库表中的数据是否满足规定的条件，以保证数据库表中数据的准确性和一致性，这种机制就是约束。

查看帮助文档可以发现 MySQL 数据库管理系统除了支持标准 SQL 的完整性约束外，还进行了相应扩展。扩展后增加了 AUTO_INCREMENT 约束。

MySQL 所支持的完整性约束如下：

- NOT NULL：约束字段的值不能为空。
- DEFAULT：设置字段的默认值。
- UNIOUE KEY（UK）：约束字段的值是唯一的。
- PRIMARY KEY（PK）：约束字段为表的主键，可以作为该表记录的唯一标识。
- AUTO_INCREMENT：约束字段的值为自动增加。
- FOREIGN KEY（FK）：约束字段为表的外键。

完整性约束中，MySQL 数据库管理系统不支持 check 约束，即可以使用 check 约束但是却没有任何效果。根据约束数据列限制，约束可分为：单列约束，即每个约束只约束一列数据；多列约束，即每个约束可以约束多列数据。

- 当不希望将数据库表中的某个字段上的内容设置为 NULL 时，则可以使用 NK 约束进行设置。即通过 NK 约束在创建数据库表时为某些字段加上“NOT NULL”约束条件，保证所有记录中该字段都有值。如果用户插入的记录中，该字段为空值，则数据库管理系统会报错。
- 当为数据库表中插入一条新记录时，如果没有为某个字段赋值，数据库系统会自动为这个字段插入默认值。为了达到这种效果，可以通过 SQL 语句关键字 DEFAULT 来设置。
- 当数据库表中的某个字段上的内容不允许重复时，则可以使用 UK 约束进行设置。即通过 UK 约束在创建数据库表时为某些字段加上“UNIQUE”约束条件，保证所有记录中该字段上的值不重复。如果用户插入的记录中，该字段上的值与其他记录里该字段上的值重复，则数据库管理系统会报错。

- 当想用数据库表中的某个字段来唯一标识所有记录时，则可以使用 PK 约束进行设置。即通过 PK 约束在创建数据库表时为某些字段加上“ PRIMARY KEY”约束条件，则该字段可以唯一地标示所有记录。之所以在数据库表中设置主键，是为了便于数据库管理系统快速地查找到表中的记录。在具体设置主键约束时，必须满足主键字段的值是唯一的、非空的。由于主键可以是单一字段，也可以是多个字段，因此分为单字段主键和多字段主键。
- 字段值自动增加（AUTO_INCREMENT）是 MySQL 唯一扩展的完整性约束，当为数据库表中插入新记录时，字段上的值会自动生成唯一的 ID。在具体设置 AUTO_INCREMENT 约束时，一个数据库表中只能有一个字段使用该约束，该字段的数据类型必须是整数类型。由于设置 AUTO_INCREMENT 约束后的字段会生成唯一的 ID，所以该字段也经常会被设置成 PK 主键。
- 上面的完整性约束都是在单表中进行设置，而外键约束则要保证多个表（通常为两个表）之间的参照完整性，即构建于两个表的两个字段之间的参照关系。设置外键约束的两个表之间会具有父子关系，即子表中某个字段的取值范围由父表所决定。例如，表示一种部门和雇员关系，即每个部门有多个雇员。首先应该有两个表：部门表和雇员表，雇员表中有一个表示部门编号的字段 deptno，其依赖于部门表的主键，这样，字段 deptno 就是雇员表的外键，部门表和雇员表便可通过该字段建立关系。设置 FK 约束的字段必须依赖于数据库中已经存在的父表的主键，外键可以为 NULL。

4.1 创建办公设备管理系统的数据表

4.1.1 使用 SQLyog 创建数据表

任务描述

利用 SQLyog 在 bgsbDB 中创建数据表 equips，表名称及结构见表 4.1。

表 4.1 equips 表结构

字段名称	字段说明	数据类型	允许为空	自增属性	约束
id	序号	Int	否	是	
equid	设备编号	varchar(30)	是	否	
equname	设备名称	varchar(50)	是	否	
Type	规格型号	varchar(30)	是	否	
Suppliers	生产厂家	varchar(50)	是	否	
Units	计量单位	varchar(20)	是	否	

续表

字段名称	字段说明	数据类型	允许为空	自增属性	约束
valuess	评估价值	float	是	否	
PurDate	购置日期	varchar(30)	是	否	
departs	使用部门	varchar(20)	是	否	
options	操作者	varchar(20)	是	否	
marks	备注	varchar(500)	是	否	
provids	供应商	varchar(30)	是	否	
zydates	转移日期	varchar(50)	是	否	
bfdates	报废日期	varchar(50)	是	否	

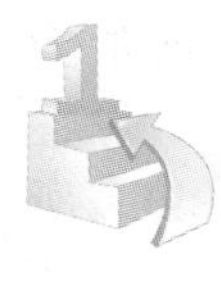

设计过程——用 SQLyog 创建数据表

（1）启动 SQLyog，右击【bgsbDB】中的【表】，在弹出的快捷菜单中选择【创建表】，弹出表设计器，如图 4.1 所示。

（2）依据表 4.1 输入 equips 表的各项，如图 4.2 所示。在创建表的过程中，各列的数据类型可以直接在【数据类型】列中进行选择，其长度可以在下方的【长度】中设置，其他属性均可照此设置。

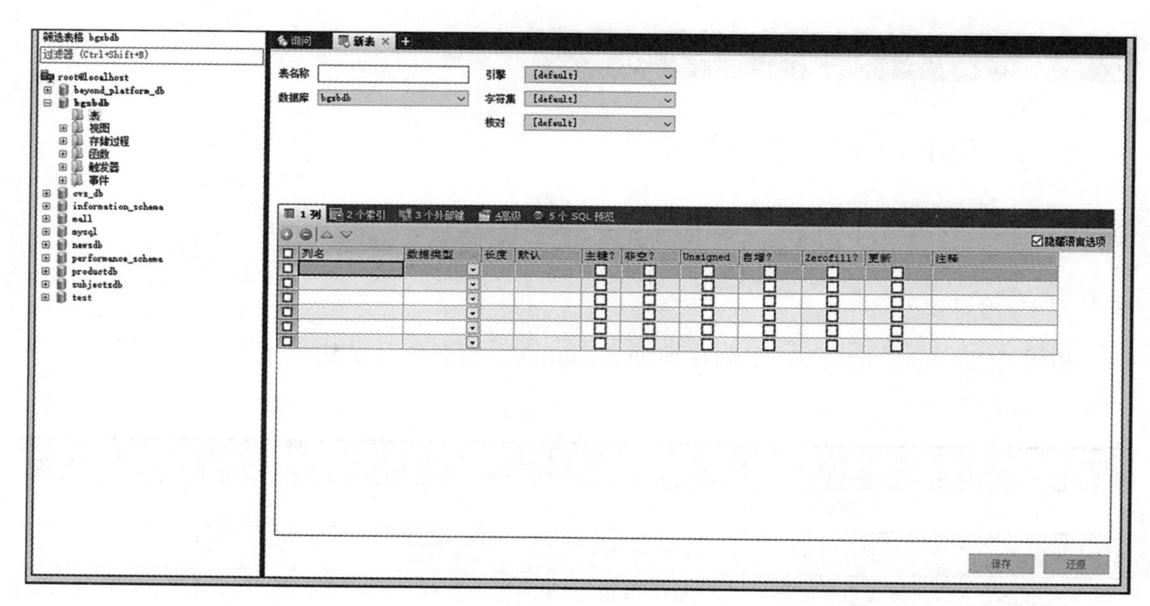

图 4.1　表设计器

（3）表中各列设置完毕后，填入表的名称，如图 4.3 所示。

（4）设置完成之后保存并关闭窗口。

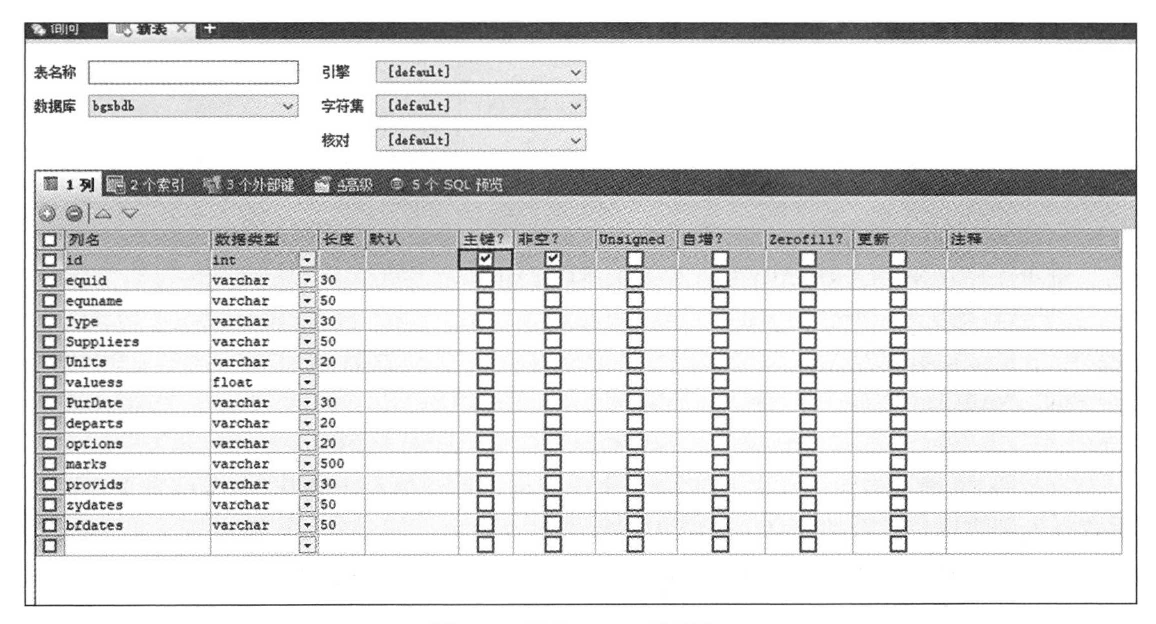

图 4.2　创建 equips 表结构

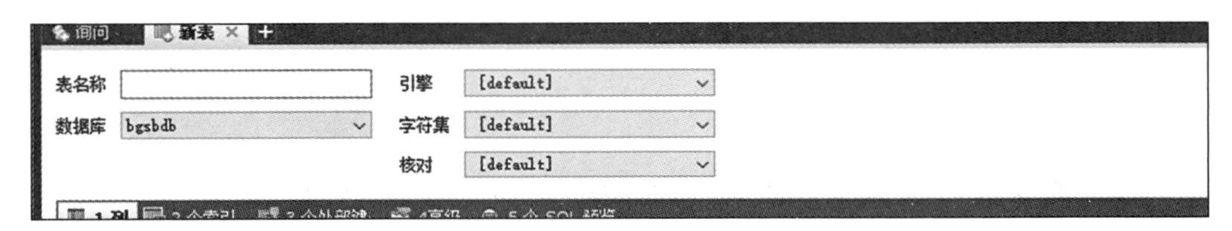

图 4.3　填入表名称

4.1.2　使用 SQL 语句创建数据表

任务描述

利用 SQL 语句创建 tuser 表，表名称及结构见表 4.2。

表 4.2　tuser 表结构

字段名称	字段说明	数据类型	允许为空	是否自增	约束
id	序号	Int	否	是	主键
tuname	用户名	varchar(20)	是	否	
tpwd	密码	varchar(30)	是	否	
marks	备注	varchar(100)	是	否	
qx	权限	varchar(100)	是	否	

设计过程——用 SQL 语句创建数据表

（1）单击工具栏上的【新建查询】按钮，在代码编辑窗口中输入如下代码：

```
        USE bgsbDB
CREATE TABLE tuser(
`id` INT NOT NULL PRIMARY KEY AUTO_INCREMENT ,
`tuname` VARCHAR(20) ,
`tpwd` VARCHAR(30),
`marks` VARCHAR(100) ,
`qx`    VARCHAR(100)
)
```

（2）按 F9 键或者单击工具栏上的【执行查询】按钮执行上述代码，【信息】窗口显示数据表创建成功与否的信息，如图 4.4 所示。

```
1 USE bgsbDB
2 CREATE TABLE tuser(
3 `id` INT NOT NULL PRIMARY KEY AUTO_INCREMENT,
4 `tuname` VARCHAR(20),
5 `tpwd` VARCHAR(30),
6 `marks` VARCHAR(100) ,
7 `qx`  VARCHAR(100)
8 )

1 queries executed, 1 success, 0 errors, 0 warnings

查询: create table tuser( `id` int not null primary key auto_increment, `tuname` varchar(20), `tpwd` varchar(30), `marks` varchar(100)...

共 0 行受到影响

执行耗时   : 0.039 sec
传送时间   : 1.030 sec
总耗时     : 1.069 sec
```

图 4.4　执行结果

使用 CREATE TABLE 语句创建数据库表的基本语法格式如下：

```
CREATE   TABLE   [if not exist] 表名 (
列名 数据类型 [ 字段属性 | 约束 ] [ 索引 ] [ 注释 ],
列名 数据类型 [ 字段属性 | 约束 ] [ 索引 ] [ 注释 ],
........
)[ 表类型 ] [ 表字符集 ] [ 注释 ]
```

4.2 修改办公设备管理系统的数据表

4.2.1 使用 SQLyog 修改表名

任务描述

利用 SQLyog 修改 equips 表的表名为 equip。

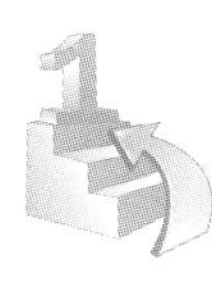

设计过程——用 SQLyog 修改表名

（1）在对象资源管理器中选择要重命名的表 equips，右击，在弹出的快捷菜单中选择【改变表】，如图 4.5 所示。

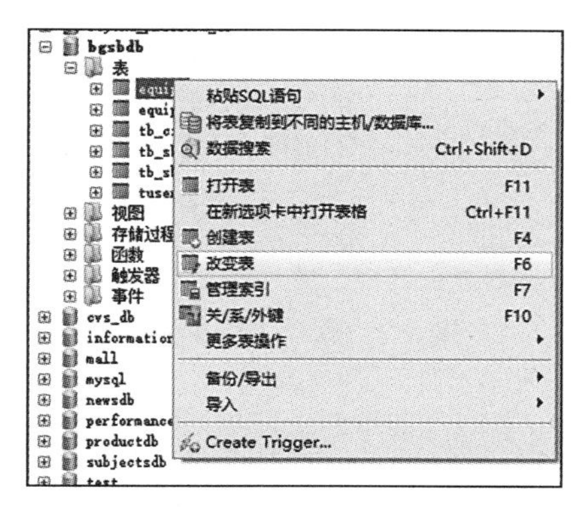

图 4.5 【改变表】菜单

（2）在【表名称】文本框输入新的表名，如图 4.6 所示，修改完成后关闭保存。

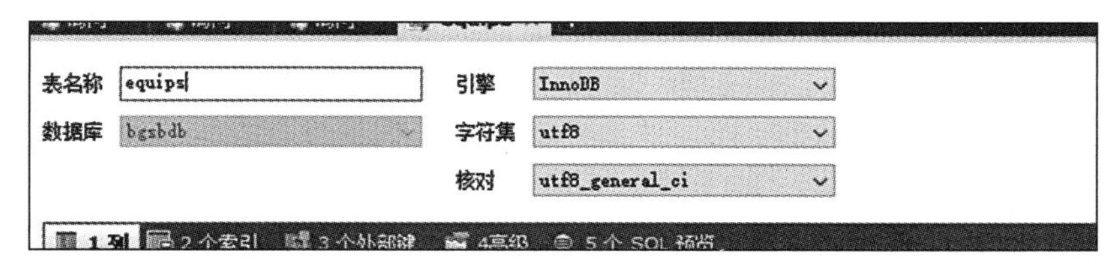

图 4.6 输入新的表名称

4.2.2 使用 SQLyog 修改列

任务描述

利用 SQLyog 为 equips 表增加一个新列、删除一列、设置主键。

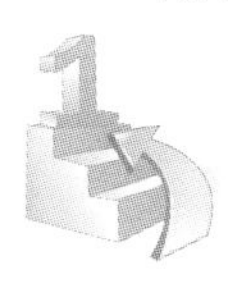

设计过程——用 SQLyog 修改列

（1）打开对象资源管理器，选择 bgsbdb 数据库的 equips 表，右键单击，在弹出的快捷菜单中选择【改变表】，如图 4.7 所示。

（2）在弹出的【列】窗口中，可以修改已有列的属性，也可以在后面添加新列，如 num 列，如图 4.8 所示。

（3）可以用同样的方法对列进行其他设置，如图 4.9 所示。

图 4.7　选择【改变表】

列名	数据类型	长度	默认	主键?	非空?	Unsigned	自增?	Zerofill?	更新	注释
id	int	11		✓	✓					
equid	varchar	30								
equname	varchar	50								
Type	varchar	30								
Suppliers	varchar	50								
Units	varchar	20								
valuess	float									
PurDate	varchar	30								
departs	varchar	20								
options	varchar	20								
marks	varchar	500								
provids	varchar	30								
zydates	varchar	50								
bfdates	varchar	50								
num										

图 4.8　添加列

列名	数据类型	长度	默认	主键?	非空?	Unsigned	自增?	Zerofill?	更新	注释
id	int	11		✓	✓					
equid	varchar	30								
equname	varchar	50								
Type	varchar	30								
Suppliers	varchar	50								
Units	varchar	20								
valuess	float									
PurDate	varchar	30								
departs	varchar	20								
options	varchar	20								
marks	varchar	500								
provids	varchar	30								
zydates	varchar	50								
bfdates	varchar	50								
num										

图 4.9　列修改窗口

4.2.3 使用 SQL 语句添加列

任务描述

用 SQL 语句在 tuser 表中增加两列："管理员人数"列 UserNum，数据类型为 int，允许为空；"管理员所属单位"列 depart，数据类型为 varchar（50），允许为空。

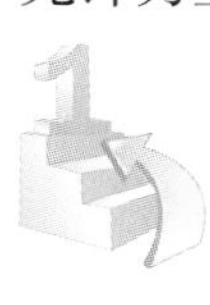

设计过程——用 SQL 语句添加列

（1）在新查询编辑器中执行如下的 SQL 语句。

```
ALTER TABLE tuser
ADD
UserNum int NULL;
ALTER TABLE tuser
ADD
depart Varchar(50) NULL;
```

（2）执行结果如图 4.10 所示。

```
10  ALTER TABLE tuser
11  ADD
12  UserNum INT NULL;
13  ALTER TABLE tuser
14  ADD
15  depart VARCHAR(50) NULL;
```

```
1 信息   2 表数据   3 信息
2 queries executed, 2 success, 0 errors, 0 warnings

查询: ALTER TABLE tuser ADD UserNum int NULL

共 0 行受到影响

执行耗时    : 0.044 sec
传送时间    : 1.041 sec
总耗时      : 1.086 sec
--------------------------------------------------

查询: ALTER TABLE tuser ADD depart Varchar(50) NULL

共 0 行受到影响

执行耗时    : 0.017 sec
传送时间    : 1.026 sec
总耗时      : 1.043 sec
```

图 4.10　执行结果

4.2.4　使用 SQL 语句删除列

任务描述

用 SQL 语句在 tuser 表中删除两列：“管理员人数”列 UserNum；“管理员所属单位”列 depar。

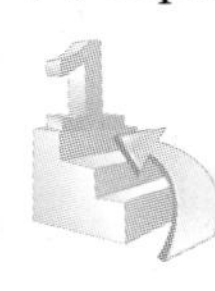

设计过程——用 SQL 语句删除列

（1）在新建查询编辑器中执行如下的 SQL 语句。

```
ALTER TABLE    tuser DROP COLUMN UserNum;
ALTER TABLE    tuser DROP COLUMN depart;
```

（2）执行结果如图 4.11 所示。

```
 9  ALTER TABLE  tuser DROP COLUMN UserNum;
10  ALTER TABLE  tuser DROP COLUMN depart;
11

1 信息   2 表数据   3 信息
2 queries executed, 2 success, 0 errors, 0 warnings
查询: ALTER TABLE tuser DROP COLUMN UserNum
共 0 行受到影响
执行耗时    : 0.042 sec
传送时间    : 1.016 sec
总耗时      : 1.059 sec
--------------------------------------------------
查询: ALTER TABLE tuser DROP COLUMN depart
共 0 行受到影响
执行耗时    : 0.017 sec
传送时间    : 1.036 sec
总耗时      : 1.054 sec
```

图 4.11　执行结果

4.2.5　使用 SQL 语句修改列的定义

任务描述

用 SQL 语句将 tuser 表中 tpwd 列的数据类型改为 varchar（30）。

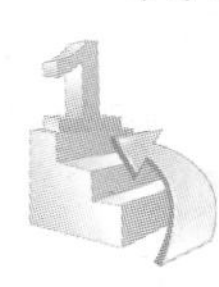

设计过程——用 SQL 语句修改列的定义

（1）在新建查询编辑器中执行如下的 SQL 语句。

```
ALTER TABLE tuser MODIFY COLUMN tpwd   VARCHAR(30)
```

（2）执行结果如图 4.12 所示。

```
12  ALTER TABLE tuser MODIFY COLUMN tpwd  VARCHAR(30)
13

1 信息  2 表数据  3 信息
1 queries executed, 1 success, 0 errors, 0 warnings
查询: ALTER TABLE tuser MODIFY COLUMN tpwd varchar(30)
共 0 行受到影响
执行耗时    : 0.036 sec
传送时间    : 1.002 sec
总耗时      : 1.039 sec
```

图 4.12　执行结果

4.2.6　使用 SQLyog 删除数据表

任务描述

用 SQLyog 将 tuser 表删除。

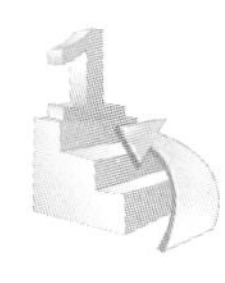

设计过程——用 SQLyog 删除数据表

（1）在对象资源管理器中展开 bgsbDB 中的【表】节点。

（2）右击 tuser 表节点，在弹出的快捷菜单中选择【更多表操作】→【从数据库删除表】，即可删除数据表，如图 4.13 所示。

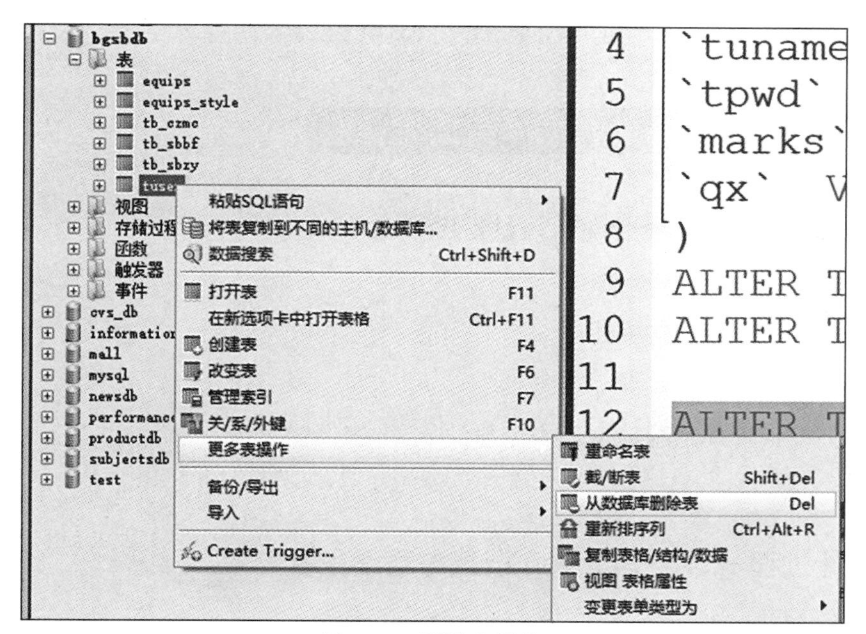

图 4.13　删除表操作

4.2.7 使用 SQL 语句删除数据表

任务描述

用 SQL 语句将 tuser 表删除。

设计过程——用 SQL 语句删除数据表

（1）在新建查询编辑器中执行如下的 SQL 语句。

```
DROP TABLE tuser
```

（2）执行结果如图 4.14 所示。

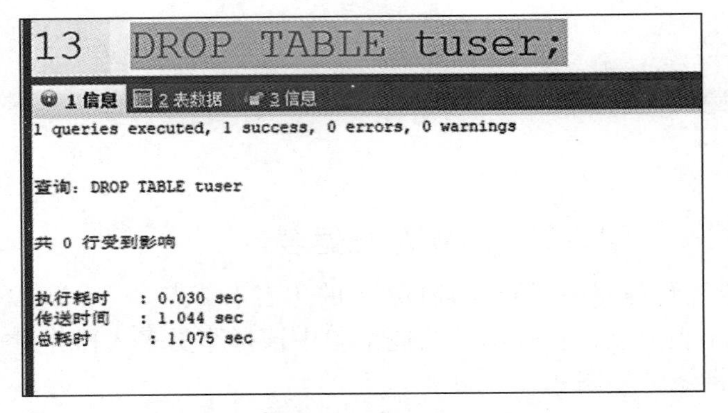

图 4.14 执行结果

4.3 办公设备管理系统数据库数据完整性

4.3.1 使用 SQLyog 创建与管理主键约束

任务描述

为在办公设备管理系统数据库中创建的 tuser 表设置主键。

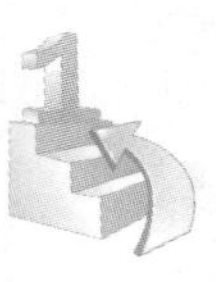

设计过程——用 SQLyog 创建与管理主键约束

（1）启动 SQLyog。

（2）在对象资源管理器中选择【bgsbDB】→【表】，右击，从弹出的快捷菜单中选择【创建表】，打开表设计器。

（3）将光标定位到 id 行。

（4）勾选 SQLyog 工具栏上的主键，如图 4.15 所示。

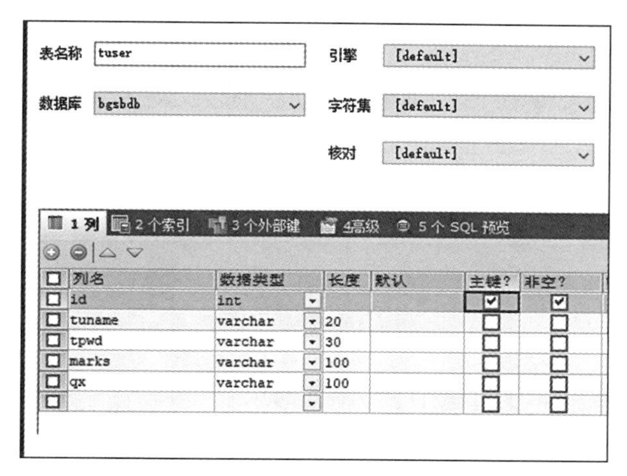

图 4.15　勾选主键

（5）用同样的方法删除主键约束。

4.3.2　使用 SQL 语句创建主键约束

任务描述

为在办公设备管理系统数据库中创建的 tuser1 表设置主键。

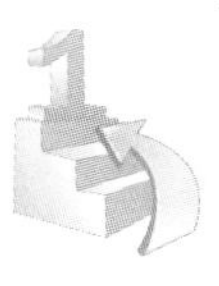

设计过程——用 SQL 语句创建主键约束

（1）在新建查询编辑器中执行如下的 SQL 语句。

```
USE bgsbDB
CREATE TABLE tuser1
(
id INT NOT NULL PRIMARY KEY AUTO_INCREMENT    ,
tuname VARCHAR(20) ,
tpwd VARCHAR(30),
marks VARCHAR(100) ,
qx VARCHAR(100)
)
```

（2）执行结果如图 4.16 所示。

```
15  USE bgsbDB
16  CREATE TABLE tuser1 (
17  id INT NOT NULL PRIMARY KEY AUTO_INCREMENT  ,
18  tuname VARCHAR(20) ,
19  tpwd VARCHAR(30),
20  marks VARCHAR(100) ,
21  qx VARCHAR(100) )
```

```
1 信息  2 表数据  3 信息
1 queries executed, 1 success, 0 errors, 0 warnings

查询: CREATE TABLE tuser1 ( id int NOT NULL PRIMARY KEY AUTO_INCREMENT , tuname varchar(20) , tpwd varchar(30), marks varchar(100) , q...

共 0 行受到影响

执行耗时   : 0.037 sec
传送时间   : 1.036 sec
总耗时     : 1.074 sec
```

图 4.16　执行结果

4.3.3　使用 SQL 语句创建组合主键约束

任务描述

在办公设备管理系统数据库中创建 tb_sbzy1 表。

设计过程——用 SQL 语句创建组合主键约束

（1）tb_sbzy1 表的表结构如下，执行语句。

```
USE bgsbDB
CREATE TABLE tb_sbzy1 (
id    Int ,
zyid varchar(50) ,
sbbh varchar(50),
zyrq varchar(30) ,
ybm    varchar(100),
xbm    varchar(50),
yczr varchar(50),
marks varchar(500),
xzcbh varchar(50),
bmbh    varchar(50),
bmzh varchar(50),
zybfb varchar(50),
 cbzy varchar(50),
ljzjzy    varchar(50),
PRIMARY KEY (id ,zyid))
```

（2）执行结果如图 4.17 所示。

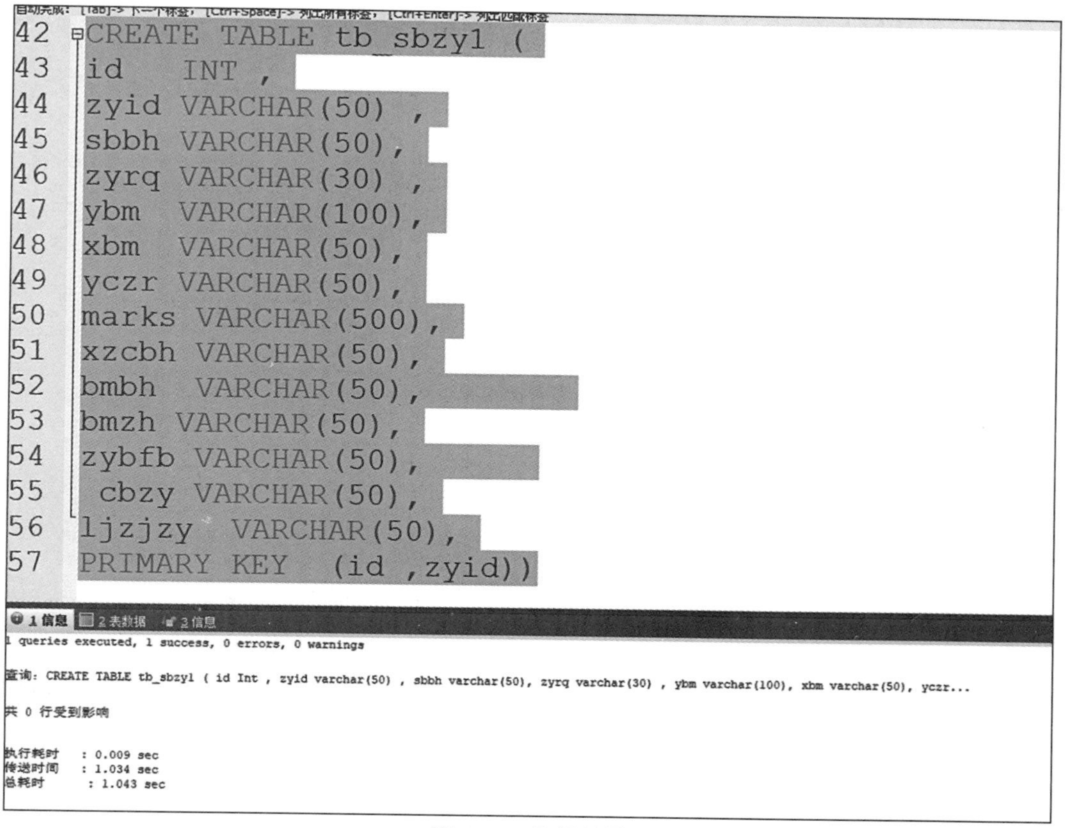

```
42 CREATE TABLE tb_sbzy1 (
43 id    INT ,
44 zyid VARCHAR(50)  ,
45 sbbh VARCHAR(50),
46 zyrq VARCHAR(30)  ,
47 ybm  VARCHAR(100),
48 xbm  VARCHAR(50),
49 yczr VARCHAR(50),
50 marks VARCHAR(500),
51 xzcbh VARCHAR(50),
52 bmbh  VARCHAR(50),
53 bmzh VARCHAR(50),
54 zybfb VARCHAR(50),
55  cbzy VARCHAR(50),
56 ljzjzy  VARCHAR(50),
57 PRIMARY KEY  (id ,zyid))
```

1 信息　2 表数据　3 信息

```
1 queries executed, 1 success, 0 errors, 0 warnings

查询: CREATE TABLE tb_sbzyl ( id Int , zyid varchar(50) , sbbh varchar(50), zyrq varchar(30) , ybm varchar(100), xbm varchar(50), yczr...

共 0 行受到影响

执行耗时    : 0.009 sec
传送时间    : 1.034 sec
总耗时      : 1.043 sec
```

图 4.17　执行结果

（3）设置的主键如图 4.18 所示。

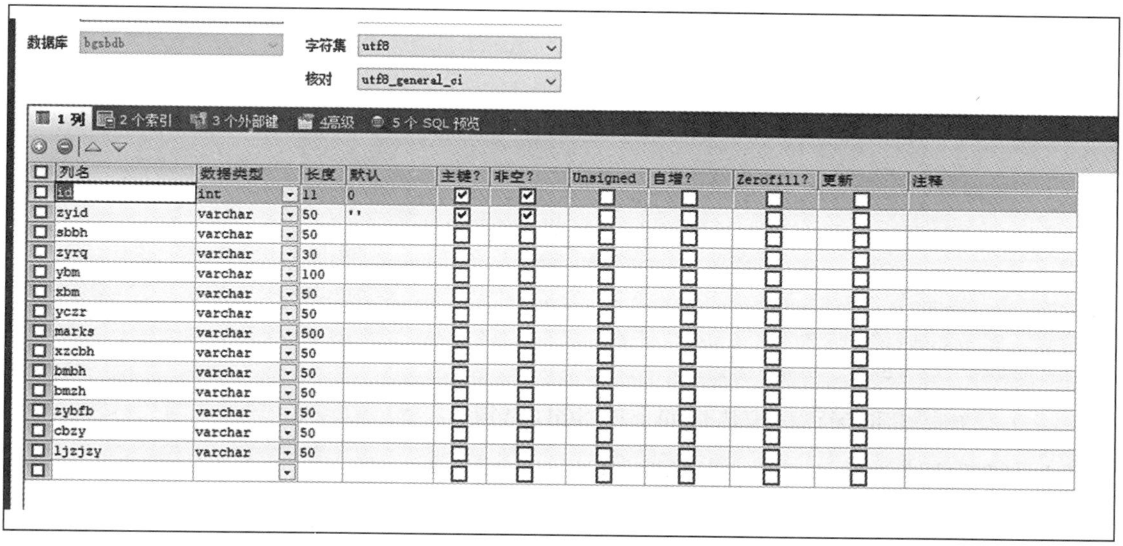

数据库　bgsbdb　　字符集　utf8
　　　　　　　　　核对　utf8_general_ci

1 列　2 个索引　3 个外部键　4 高级　5 个 SQL 预览

列名	数据类型	长度	默认	主键?	非空?	Unsigned	自增?	Zerofill?	更新	注释
id	int	11	0	✓	✓					
zyid	varchar	50	''	✓	✓					
sbbh	varchar	50								
zyrq	varchar	30								
ybm	varchar	100								
xbm	varchar	50								
yczr	varchar	50								
marks	varchar	500								
xzcbh	varchar	50								
bmbh	varchar	50								
bmzh	varchar	50								
zybfb	varchar	50								
cbzy	varchar	50								
ljzjzy	varchar	50								

图 4.18　设置的主键

4.3.4 为已有表创建主键约束

任务描述

为在办公设备管理系统数据库中创建的 equips 表添加主键约束。

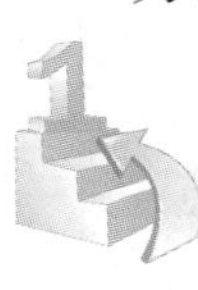

设计过程——为已有表创建主键约束

（1）在新建查询编辑器中执行如下的 SQL 语句。

```
ALTER TABLE equips
 ADD
 CONSTRAINT PK_id PRIMARY KEY (id )
```

（2）执行结果如图 4.19 所示。

```
60  ALTER TABLE equips ADD CONSTRAINT pk_id PRIMARY KEY (id);

1 信息  2 表数据  3 信息
1 queries executed, 1 success, 0 errors, 0 warnings

查询: alter table equips add constraint pk_id primary key (id)

共 0 行受到影响

执行耗时   : 0.042 sec
传送时间   : 1.035 sec
总耗时     : 1.077 sec
```

图 4.19 执行结果

4.3.5 删除约束

任务描述

在办公设备管理系统数据库中删除 equips 表的主键约束。

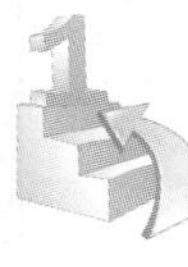

设计过程——删除约束

（1）在新建查询编辑器中执行如下的 SQL 语句。

```
ALTER TABLE equips DROP PRIMARY KEY
```

（2）执行结果如图 4.20 所示。

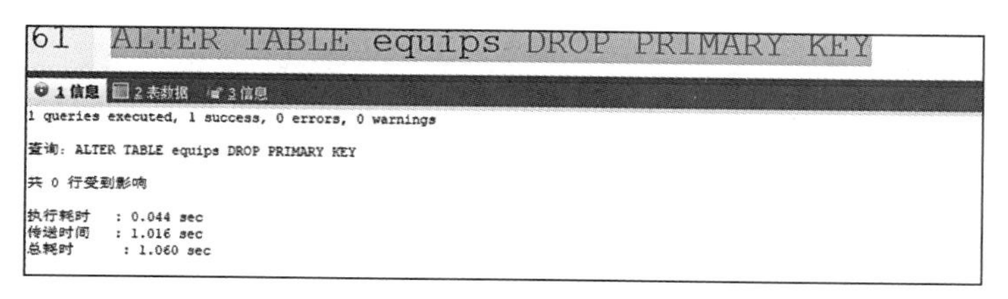

图 4.20 执行结果

4.3.6 使用 SQLyog 创建外键约束

任务描述

在 equips 表的 id 字段列上添加一个名为 FK_equips_equips_style 的外键约束，该外键参照 equips_style 表的主键字段列 id。

设计过程——用 SQLyog 创建外键约束

（1）右击 equips 表，在弹出的快捷菜单中选择“表设计”选项，在弹出的【表设计】窗口单击【添加外键】按钮。

（2）在【外部键】窗口中添加“FK_equips_equips_style”的外键名，并设置相关引用表 equips_style 的引用列 id，如图 4.21 所示。

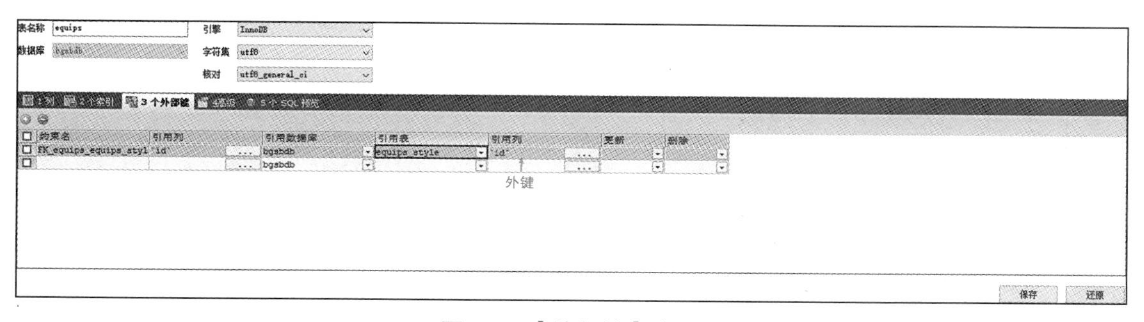

图 4.21 【外部键】窗口

4.3.7 使用 SQL 语句创建外键约束

任务描述

在 tb_sbzy2 表的 id 字段列上添加一个名为 A1 的外键约束，该外键参照 equips 表的主键字段列 id。

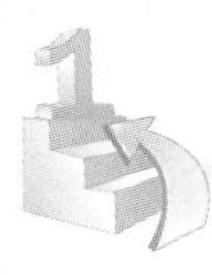

设计过程——用 SQL 语句创建外键约束

（1）在新建查询编辑器中执行如下的 SQL 语句。

```
CREATE TABLE tb_sbzy2
 (
 id    INT NOT NULL PRIMARY KEY AUTO_INCREMENT ,
 zyid VARCHAR(50) ,
 sbbh VARCHAR(50),
 zyrq VARCHAR(30) ,
 ybm   VARCHAR(100),
 xbm   VARCHAR(50),
 yczr VARCHAR(50),
 marks VARCHAR(500)
 );
ALTER TABLE tb_sbzy2 ADD CONSTRAINT fk_a1 FOREIGN KEY(id)
 REFERENCES equips (id)
```

（2）执行结果如图 4.22 所示。

```
80
81   CREATE TABLE tb_sbzy2
82   (
83   id   INT NOT NULL PRIMARY KEY AUTO_INCREMENT ,
84   zyid VARCHAR(50)  ,
85   sbbh VARCHAR(50),
86   zyrq VARCHAR(30)  ,
87   ybm  VARCHAR(100),
88   xbm  VARCHAR(50),
89   yczr VARCHAR(50),
90   marks VARCHAR(500)
91   );
92  ALTER TABLE tb_sbzy2 ADD CONSTRAINT fk_a1 FOREIGN KEY(id)
93   REFERENCES equips (id)

1 信息  2 表数据  3 信息
1 queries executed, 1 success, 0 errors, 0 warnings

查询: alter table tb_sbzy2 add constraint fk_al foreign key(id) references equips (id)

共 0 行受到影响

执行耗时   : 0.046 sec
传送时间   : 1.043 sec
总耗时     : 1.090 sec
```

图 4.22　执行结果

4.4 办公设备管理系统中表数据的操作

4.4.1 使用 SQLyog 添加数据

任务描述

在数据库 bgsbDB 中的 tuser 表中插入一条数据，id 为 1，tuname 为 admin，tpwd 为 111，marks 为 wwwe2e，qx 为 1-2-3-4。

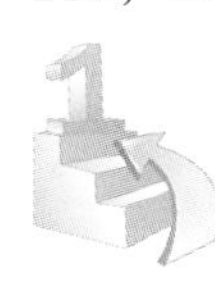

设计过程——用 SQLyog 添加数据

（1）选择【bgsbDB】→【表】→【tuser】，右击，选择【打开表】。

（2）将要求的数据在每列对应的 NULL 处直接输入即可。

（3）输入的数据一定要符合约束条件的限制，否则会出现警告提示，并且不能成功添加数据。如图 4.23 所示。

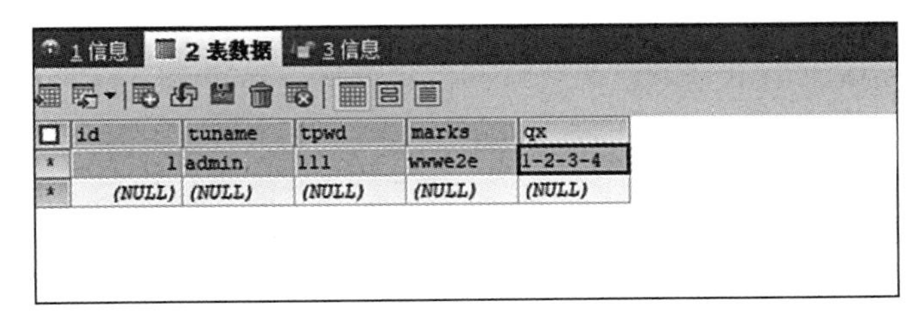

	id	tuname	tpwd	marks	qx
*	1	admin	111	wwwe2e	1-2-3-4
*	(NULL)	(NULL)	(NULL)	(NULL)	(NULL)

图 4.23　执行结果

4.4.2 使用 SQL 语句简单地添加数据

任务描述

在数据库 bgsbDB 中的 equips_style 表中插入一条数据，id 为 6，style 为打印机。

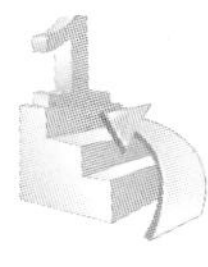

设计过程——用 SQL 语句简单地添加数据

（1）在新建查询编辑器中执行如下的 SQL 语句。

```
USE bgsbdb;
INSERT INTO equips_style VALUES(6,' 打印机 ')
```

（2）执行结果如图 4.24 所示。

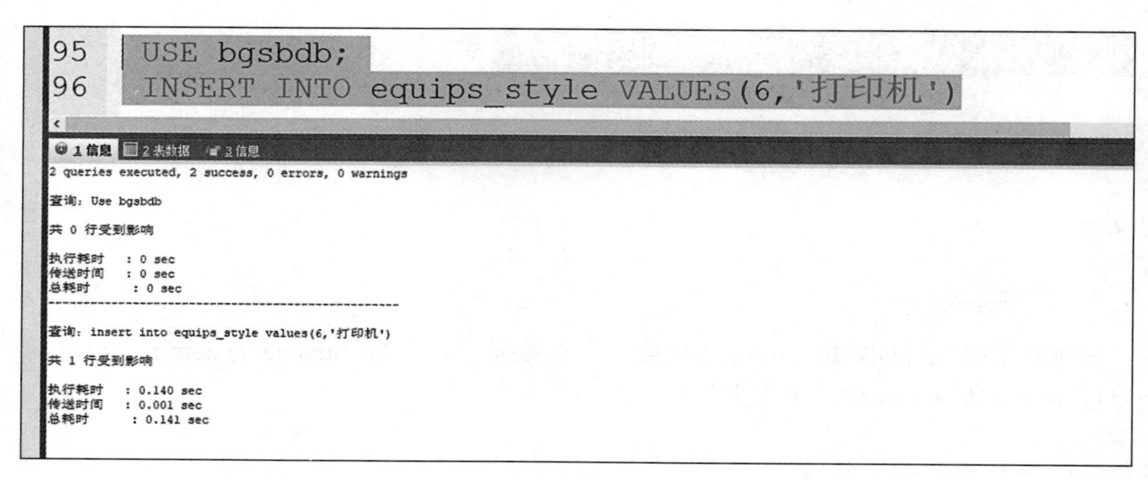

图 4.24　执行结果

4.4.3　按照与表列不同的顺序插入数据

任务描述

在数据库 bgsbDB 中的 tb_sbzy 表中插入一条数据，zyid 为 11，zyrq 为 11。

设计过程——按照与表列不同的顺序插入数据

（1）在新建查询编辑器中执行如下的 SQL 语句。

```
use bgsbDB
INSERT    INTO tb_sbzy(zyid,zyrq) VALUES('11', '11')
```

（2）执行结果如图 4.25 所示。

```
97
98  USE bgsbDB
99  INSERT INTO tb_sbzy(zyid,zyrq) VALUES('11','11')

1 信息  2 表数据  3 信息
1 queries executed, 1 success, 0 errors, 0 warnings

查询：INSERT into tb_sbzy(zyid,zyrq) VALUES('11','11')

共 1 行受到影响

执行耗时   : 0.030 sec
传送时间   : 0 sec
总耗时     : 0.030 sec
```

图 4.25　执行结果

4.4.4 多行记录插入

任务描述

在数据库 bgsbDB 中的 tb_sbzy 表中一次插入多行记录。

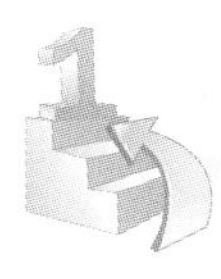

设计过程——多行记录插入

（1）在新建查询编辑器中执行如下的 SQL 语句。

```
use bgsbDB
INSERT INTO tuser(tuname,tpwd,marks,qx)
VALUES('1', 'q', 'qqq', 'qqq'),('2', 'w', 'ww', 'www')
```

（2）执行结果如图 4.26 所示。

```
01  USE bgsbDB;
02  INSERT INTO tuser(tuname,tpwd,marks,qx)
03  VALUES('1','q','qqq','qqq'),('2','w','ww','www')

1 信息   2 表数据   3 信息
ueries executed, 1 success, 0 errors, 0 warnings

询: INSERT INTO tuser(tuname,tpwd,marks,qx) VALUES('1','q','qqq','qqq'),('2','w','ww','www')

2 行受到影响

行耗时    : 0.030 sec
送时间    : 0 sec
耗时      : 0.030 sec
```

图 4.26 执行结果

4.4.5 在带有标识列的表中插入数据

任务描述

在数据库 bgsbDB 中的 tb_sbbf 表中插入一条记录。

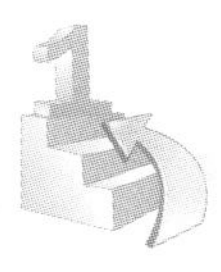

设计过程——在带有标识列的表中插入数据

（1）在新建查询编辑器中执行如下的 SQL 语句。标识列的值自动按序生成，只需插入其他数据。最后一行的查询语句用于查看新增记录在该表中的位置。

```
use bgsbDB
```

```
INSERT tb_sbbf(bxid,sbid,flm,sqbm,clje)
VALUES('B20101230151614', 'A0054', ' 废弃 ', ' 人事组 ', '2')
SELECT * FROM tb_sbbf
```

（2）执行结果如图 4.27 所示。

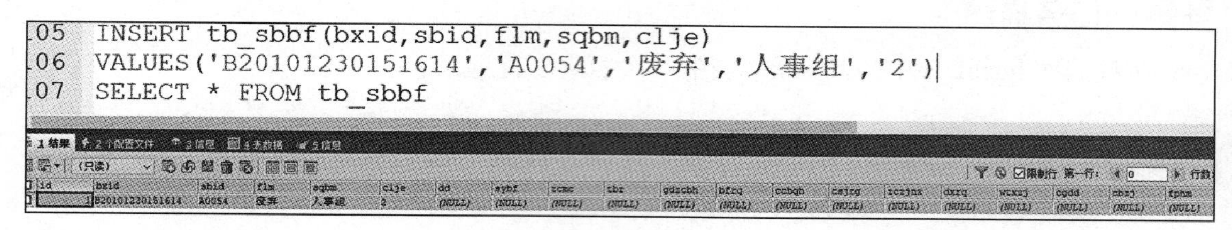

图 4.27　执行结果

任务描述

在 tuser 表中插入一行新的数据，tuname 为 082054103，tpwd 为 0105，marks 为 010309，qx 为 55，标识值为 0。

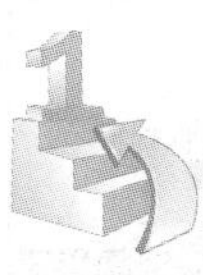

设计过程——在带有标识列的表中插入数据

（1）在新建查询编辑器中执行如下的 SQL 语句。将一个显式值插入标识列，即标识列的值是强制插入的。

```
use bgsbDB
INSERT INTO tuser VALUES(0, '082054103', '0105', '010309', '55');
SELECT * FROM tuser
```

（2）执行结果如图 4.28 所示。

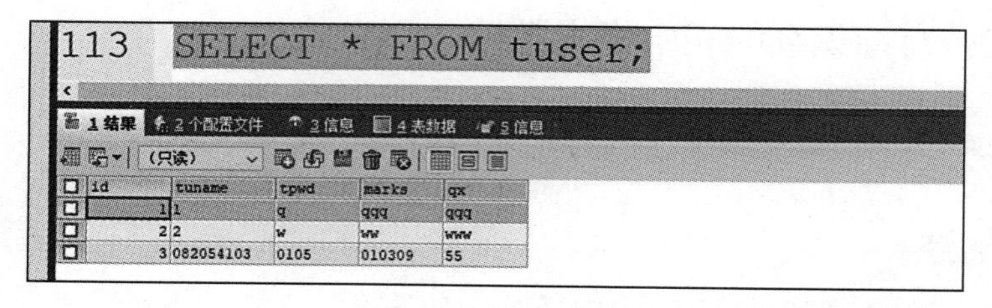

图 4.28　执行结果

4.4.6　使用插入语句实现两表之间的数据复制

任务描述

将 tb_czmc 表中的全部数据插入新建的 newtb_czmc 表。

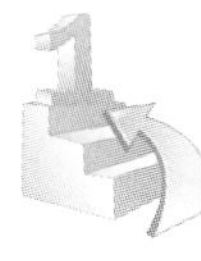

设计过程——利用插入语句实现两表之间的数据复制

（1）在新建查询编辑器中执行如下的 SQL 语句。

```
USE bgsbDB
CREATE TABLE newtb_czmc AS SELECT * FROM tb_czmc
```

（2）执行结果如图 4.29 所示。

```
115  CREATE TABLE newtb_czmc AS SELECT * FROM tb_czmc
```

1 信息　2 表数据　3 信息

```
1 queries executed, 1 success, 0 errors, 0 warnings

查询: CREATE TABLE newtb_czmc AS SELECT * FROM tb_czmc

共 0 行受到影响

执行耗时   : 0.038 sec
传送时间   : 1.042 sec
总耗时     : 1.080 sec
```

图 4.29　执行结果

任务描述

将 equips_style 表中前三条记录插入新建的 newequips_style 表。

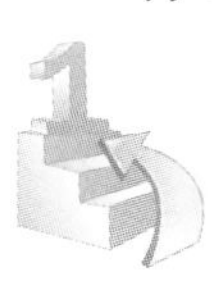

设计过程——利用插入语句实现两表之间的数据复制

（1）在新建查询编辑器中执行如下的 SQL 语句。

```
USE bgsbDB
CREATE TABLE newequips_style AS SELECT * FROM equips_style LIMIT 3
SELECT * FROM newequips_style
```

（2）执行结果如图 4.30 所示。

```
117  CREATE TABLE newequips_style AS SELECT * FROM equips_style LIMIT 3
118  SELECT * FROM newequips_style
```

1 结果　2 个配置文件　3 信息　4 表数据　5 信息

id	style
6	打印机
7	黑色打印机
8	白色打印机

图 4.30　执行结果

4.4.7 使用 SQLyog 删除数据

任务描述

在 tuser 表中删除一条记录。

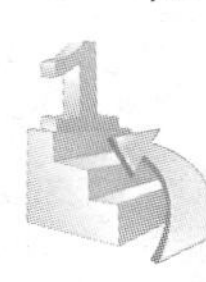

设计过程——用 SQLyog 删除数据

启动 SQLyog，与添加数据类似，先打开数据表，选择想要删除的记录，单击【删除】按钮即可，如图 4.31 所示。

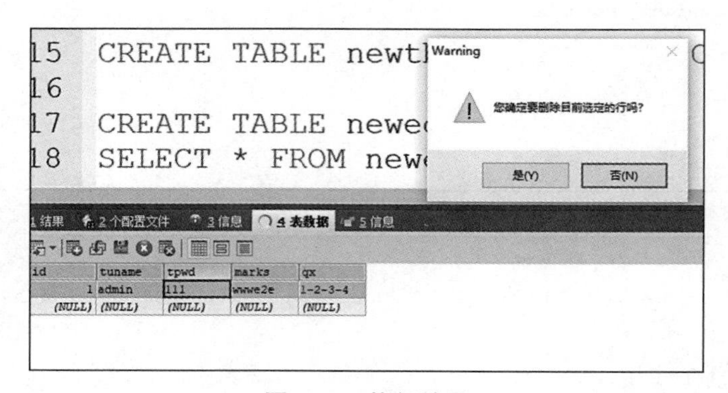

图 4.31 执行结果

4.4.8 使用 SQL 语句删除数据

任务描述

删除 tuser 表中的所有记录。

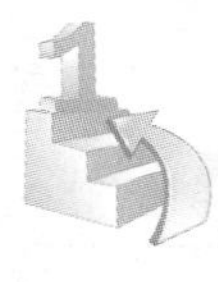

设计过程——利用 SQL 语句删除数据

（1）在新建查询编辑器中执行如下的 SQL 语句。

```
USE bgsbDB
DELETE FROM tuser
```

（2）执行结果如图 4.32 所示。

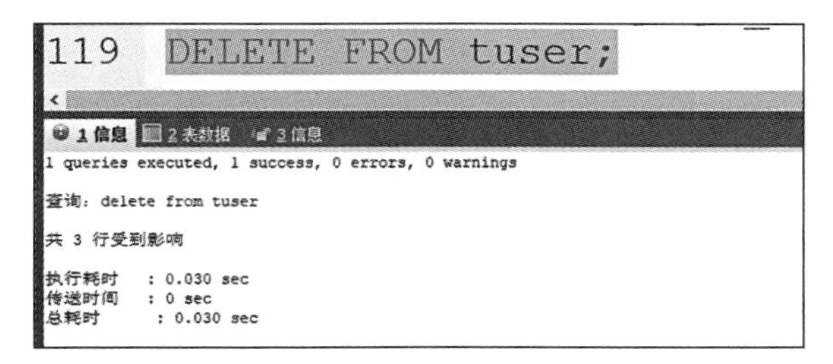
119 DELETE FROM tuser;

1 信息 2 表数据 3 信息

1 queries executed, 1 success, 0 errors, 0 warnings

查询：delete from tuser

共 3 行受到影响

执行耗时 : 0.030 sec
传送时间 : 0 sec
总耗时 : 0.030 sec

图 4.32　执行结果

任务描述

删除 tb_sbbf 表中 sqbm 为市场部的数据。

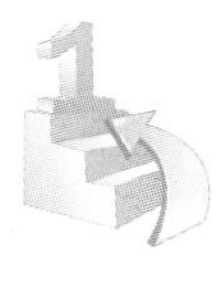

设计过程——利用 SQL 语句删除数据

（1）在新建查询编辑器中执行如下的 SQL 语句。

```
USE bgsbDB
DELETE FROM tb_sbbf WHERE sqbm=' 市场部 '
```

（2）执行结果如图 4.33 所示。

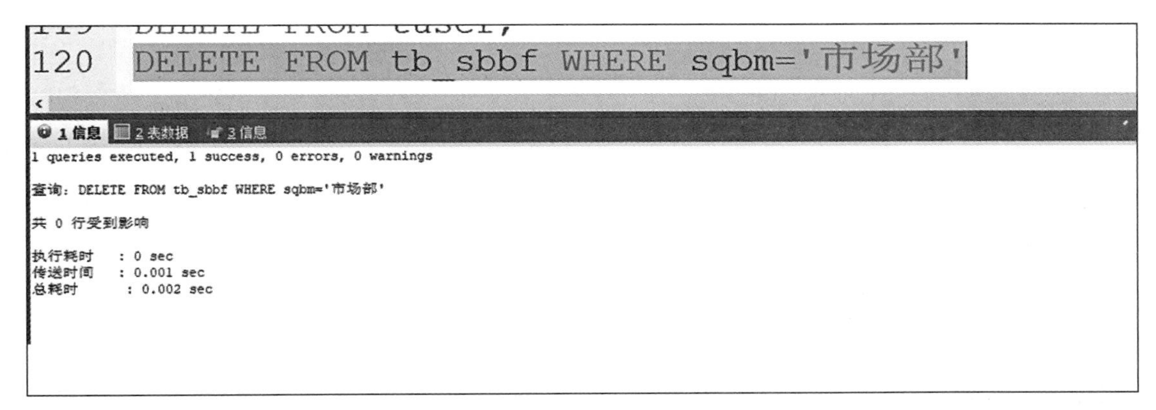
120 DELETE FROM tb_sbbf WHERE sqbm='市场部'

1 信息 2 表数据 3 信息

1 queries executed, 1 success, 0 errors, 0 warnings

查询：DELETE FROM tb_sbbf WHERE sqbm='市场部'

共 0 行受到影响

执行耗时 : 0 sec
传送时间 : 0.001 sec
总耗时 : 0.002 sec

图 4.33　执行结果

任务描述

删除 tb_sbbf 表的前两条记录的数据。

设计过程——利用 SQL 语句删除数据

（1）在新建查询编辑器中执行如下的 SQL 语句。

```
USE bgsbDB
DELETE   FROM tb_sbbf LIMIT 2
```

（2）执行结果如图 4.34 所示。

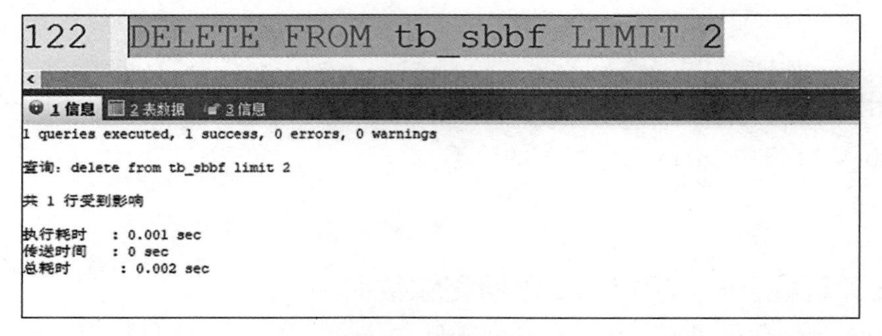

图 4.34　执行结果

4.4.9　使用 SQLyog 修改数据

任务描述

在 tb_sbbf 表中修改记录 A0054 的 sqbm 列为人事部。

设计过程——用 SQLyog 修改数据

（1）启动 SQLyog，与添加数据类似，先打开数据表，选择记录【A0054】的 sqbm 列。

（2）将数据内容修改为人事部，单击保存按钮，执行结果如图 4.35 所示。

id	bxid	sbid	flm	sqbm	clje	dd	sybf	zcmc	tbr	gdzcbh	bfrq	ccbqh	csjzg	zczjnx
2	B20101230151614	A0054	废弃	人事部	2	(NULL)	(NULL)	(NULL)	(NULL)	(NULL)	(NULL)	(NULL)	(NULL)	(NULL)
(Auto)	(NULL)	(NULL)	(NULL)	(NULL)	(NULL)	(NULL)	(NULL)	(NULL)	(NULL)	(NULL)	(NULL)	(NULL)	(NULL)	(NULL)

图 4.35　执行结果

4.4.10　使用 SQL 语句修改数据

任务描述

修改所有 admin 的登录密码为“空（NULL）”。

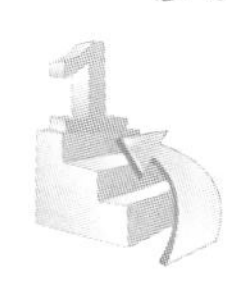

设计过程——利用 SQL 语句修改数据

（1）在新建查询编辑器中执行如下的 SQL 语句。

```
USE bgsbDB
UPDATE tuser SET tpwd=NULL WHERE tuname='admin'
```

（2）执行结果如图 4.36 所示。

```
128  UPDATE tuser SET tpwd=NULL WHERE tuname='admin'

1 信息   2 表数据   3 信息
1 queries executed, 1 success, 0 errors, 0 warnings

查询: update tuser set tpwd=null where tuname='admin'

共 1 行受到影响

执行耗时    : 0.030 sec
传送时间    : 0 sec
总耗时      : 0.031 sec
```

图 4.36　执行结果

思考与练习

一、填空题

1. 向数据表中插入数据使用的关键字是________。

2. 在创建表时不允许某列为空，则可以使用________约束。

二、选择题

1. 下面关于主键说法正确的是（　　）。

　A. 主键允许为 null 值　　B. 主键允许有重复值

　C. 主键必须来自另一张表的值　　D. 主键具有非空性、唯一性

2. 下列选项中，适合存储文章内容的数据类型是（　　）。

　A. CHAR　　B. VARCHAR　　C. TEXT　　D. VARBINARY

3. 以下语句中能够删除一列的是（　　）。

　A. Alert table emp remove addcolumn

B. Alert table emp drop column addcolumn

C. Alert table emp delete column addcolumn

D. Alert table emp delete addcolumn

4.SQL 语句中的条件可以用（　　）项来表达。

A. THEN　　B. WHLIE　　C. WHERE　　D. IF

三、判断题

1. 一个数据表中可以定义多个主键。（　　）

2. UPDATE 更新数据时可以通过 LIMIT 限制更新的记录数。（　　）

3. SQL 是指标准化查询语言。（　　）

4. ENUM 类型的数据只能从枚举列表中获取，并且只能取一个。（　　）

四、简答题

1. 简述数据库、表和数据库服务器之间的关系。

2. 简述 CHAR、VARCHAR 和 TEXT 数据类型的区别。

单元 5

办公设备管理系统数据库的数据查询

工作任务

任务描述	办公设备管理系统数据库的数据查询
工作流程	1. 单表查询； 2. 多表查询
任务成果	129 SELECT * FROM equips_style 1 结果 2 个配置文件 3 信息 4 表数据 5 信息 (只读) id style 6 打印机 7 照相机 8 笔记本
知识目标	1. 掌握 SELECT 语句的语法格式； 2. 掌握最基本的查询技术； 3. 掌握条件查询技术
能力目标	1. 能按照要求灵活、快速地查询相关信息； 2. 树立远大理想，确立正确的人生观和价值观

理论知识

一、单表查询

查询数据记录，是指从数据库对象表中获取数据记录。该操作不仅是 MySQL 的基本数据操作，还是使用频率最高、最重要的数据操作之一。MySQL 软件提供了几种不同的数据查询方法，以满足用户的需求。单表查询主要包含：简单数据记录查询；条件数据记录查询；排序数据记录查询；限制数据记录查询；统计函数和分组数据记录查询。

在 MySQL 中，数据查询通过 SQL 语句 SELECT 来实现，简单数据查询语法形式如下：

```
SELECT field1, field2 ... , fieldn FROM table name
```

在上述语句中，参数 fieldn 表示所要查询的字段名字，参数 table_name 表示所要查询数据记录的表名。实现简单数据记录查询的 SQL 语句可以通过以下方式使用：

（1）简单数据查询。

（2）避免重复数据查询。

（3）实现数学四则运算数据查询。

（4）设置显示格式数据查询。

二、多表查询

单表查询在关键字 WHERE 子句中只涉及一张表。在具体应用中，经常需要在一个查询语句中显示多张表的数据，这就是所谓的多表数据记录连接查询，简称连接查询。

MySQL 软件也支持连接查询，在进行连接查询操作时，先将两个或两个以上的表按照某个条件连接起来，再查询所要求的数据记录。连接查询分为内连接查询和外连接查询。

如果需要实现多表数据记录查询，一般不使用连接查询，因为该操作效率比较低。于是 MySQL 软件又提供了连接查询的替代操作——子查询操作。

为了便于用户的操作，MySQL 专门提供了一种针对数据库操作的运算——连接（JOIN）。所谓连接就是在表关系的笛卡儿积数据记录中，按照相应字段值的比较条件进行选择，生成一个新的关系。连接分为内连接（INNER JOIN）、外连接（OUTER JOIN）、交叉连接（CROSS JOIN）。

所谓内连接（INNER JOIN），就是在表关系的笛卡儿积数据记录中，保留表关系中所有匹配的数据记录，舍弃不匹配的数据记录。按照匹配的条件分为自然连接、等值连接和不等连接。在 MySQL 软件中可以通过两种语法形式来实现连接查询：一种是在 FROM 子句中利用逗号（,）区分多个表，在 WHERE 子句中通过逻辑表达式来实现匹配条件，进而实现表的连接，这是早期 MySQL 软件的连接语法形式；另一种是 ANSI 连接语法形式，在 FROM 子句中使用“JOIN...ON”关键字，而连接条件写在关键字 ON 子句中，MySQL 软件推荐使用 ANSI 语法形式的连接。

所谓外连接（OUTER JOIN），就是在表关系的笛卡儿积数据记录中，不仅保留表关系中所有匹配的数据记录，还会保留部分不匹配的数据记录。按照保留不匹配条件数据记录来源可以分为左外连接（LEFT OUTER JOIN）、右外连接（RIGHT OUTER JOIN）和全外连接（FULL OUTER JOIN）。在 MySQL 软件中，外连接查询会返回所操作表中至少一个表的所有数据记录，数据查询通过 SQL 语句“OUTER JOIN...ON”来实现。

所谓子查询，就是指在一个查询之中嵌套了其他若干查询，即在一个 SELECT 查询语句的 WHERE 或 FROM 子句中包含另一个 SELECT 查询语句。在查询语句中，外层 SELECT 查询语句称为主查询，WHERE 子句中的 SELECT 查询语句称为子查询，也称为嵌套查询。

通过子查询可以实现多表查询，该查询语句中可能包含 IN、ANY、ALL 和 EXISTS

等关键字，除此之外，还可能包含比较运算符。理论上，子查询可以出现在查询语句的任意位置，但是在实际开发中，子查询经常出现在 WHERE 和 FROM 子句中。

- WHERE 子句中的子查询：该位置处的子查询一般返回单行单列、多行单列、单行多列数据记录。
- FROM 子句中的子查询：该位置处的子查询一般返回多行多列数据记录，可以当作一张临时表。

5.1 单表查询

5.1.1 查询指定的列

任务描述

查询设备表（equips）中的设备编号（equid）与设备名（equname）。

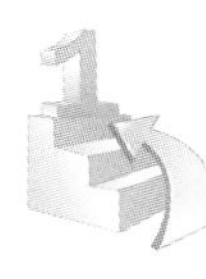

设计过程——查询指定的列

（1）在新建查询编辑器中执行如下的 SQL 语句。

```
use bgsbDB
SELECT equid,equname FROM equips
```

（2）执行结果如图 5.1 所示。

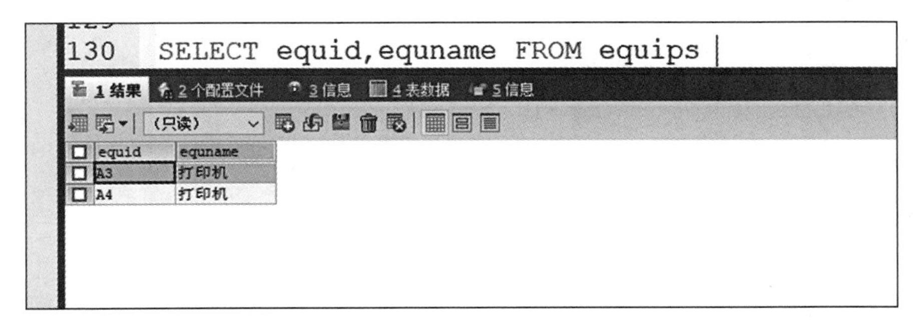

图 5.1 执行结果

5.1.2 查询所有的列

任务描述

查询设备类型表（equips_style）的全部记录。

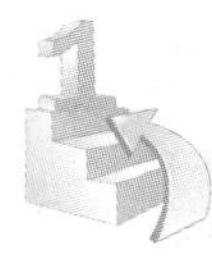

设计过程——查询所有的列

（1）在新建查询编辑器中执行如下的 SQL 语句。

```
use bgsbDB
SELECT * FROM equips_style
```

（2）执行结果如图 5.2 所示。

```
130  SELECT equid,equname,valuess*0.7 AS 设备价值 FROM equips
```

1 结果　2 个配置文件　3 信息　4 表数据　5 信息

（只读）

equid	equname	设备价值
A3	打印机	1019.1999999999999
A4	打印机	863.8

图 5.2　执行结果

5.1.3　更改列标题

任务描述

将设备表（equips）中的评估价值（valuess）*70%，折算为设备的价值。

设计过程——更改列标题

（1）在新建查询编辑器中执行如下的 SQL 语句。

```
use bgsbDB
SELECT equid,equname,valuess*0.7 AS 设备价值 FROM equips
```

（2）执行结果如图 5.3 所示。

```
130  SELECT equid,equname,valuess*0.7 AS 设备价值 FROM equips
```

1 结果　2 个配置文件　3 信息　4 表数据　5 信息

（只读）

equid	equname	设备价值
A3	打印机	1019.1999999999999
A4	打印机	863.8

图 5.3　执行结果

5.1.4 消除结果的重复行

任务描述

查询设备表（equips）中的设备名（equname），消除结果重复行。

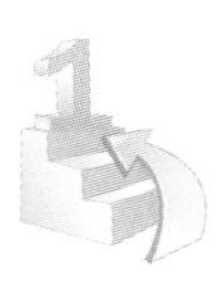

设计过程——消除结果的重复行

（1）在新建查询编辑器中执行如下的 SQL 语句。

```
use bgsbDB
SELECT DISTINCT equname FROM equips
```

（2）执行结果如图 5.4 所示。

```
131    SELECT DISTINCT equname FROM equips
132
```

1 结果　2 个配置文件　3 信息　4 表数据　5 信息

（只读）

equname
打印机

图 5.4　执行结果

5.1.5 使用 LIMIT 关键字

任务描述

查询设备表（equips）中的编号（id）的前 3 个设备的信息。

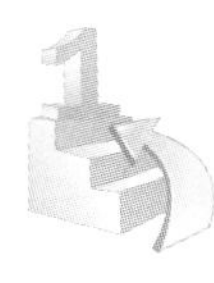

设计过程——使用 LIMIT 关键字

（1）在新建查询编辑器中执行如下的 SQL 语句。

```
use bgsbDB
SELECT * FROM equips ORDER BY id LIMIT 3
```

（2）执行结果如图 5.5 所示。

```
132    SELECT * FROM equips ORDER BY id LIMIT 3
```

id	equid	equname	Type	Suppliers	Units	valuess	PurDate	departs	options	marks	provids	zydates	bfdates
2	A3	打印机	(NULL)	(NULL)	(NULL)	1456	(NULL)	(NULL)	(NULL)	(NULL)	(NULL)	(NULL)	(NULL)
3	A4	打印机	(NULL)	(NULL)	(NULL)	1234	(NULL)	(NULL)	(NULL)	(NULL)	(NULL)	(NULL)	(NULL)
4	A5	打印机	(NULL)	(NULL)	(NULL)	(NULL)	(NULL)	(NULL)	(NULL)	(NULL)	(NULL)	(NULL)	(NULL)

图 5.5　执行结果

5.1.6　使用 LIMIT 关键字和 ORDER BY 组合

任务描述

查询设备类型表（equips_style）中按编号（id）降序排列的前 5 条记录。

设计过程——查询百分比的信息

（1）在新建查询编辑器中执行如下的 SQL 语句。

```
use bgsbDB;
SELECT   * FROM equips_style ORDER BY id DESC   LIMIT 5;
```

（2）执行结果如图 5.6 所示。

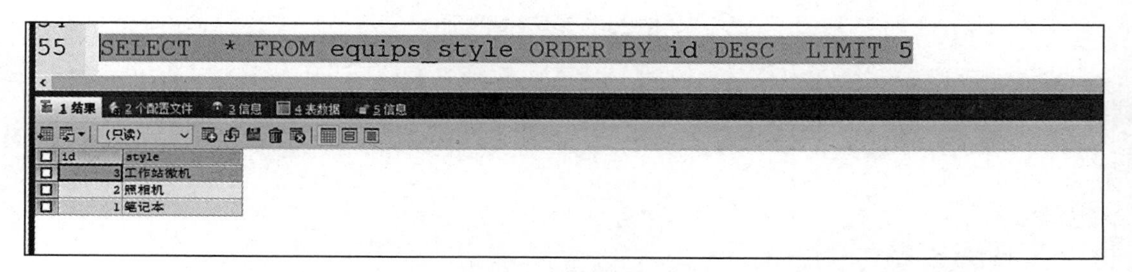

```
55    SELECT  * FROM equips_style ORDER BY id DESC  LIMIT 5
```

id	style
3	工作站微机
2	照相机
1	笔记本

图 5.6　执行结果

5.1.7　使用算术表达式

任务描述

在设备类型表（equips_style）中查询类型（style）为“打印机”的设备信息。

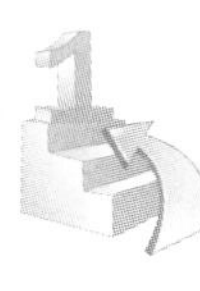

设计过程——使用算术表达式

（1）在新建查询编辑器中执行如下的 SQL 语句。

```
use bgsbDB
SELECT id ,style FROM equips_style
WHERE style=' 打印机 '
```

（2）执行结果如图 5.7 所示。

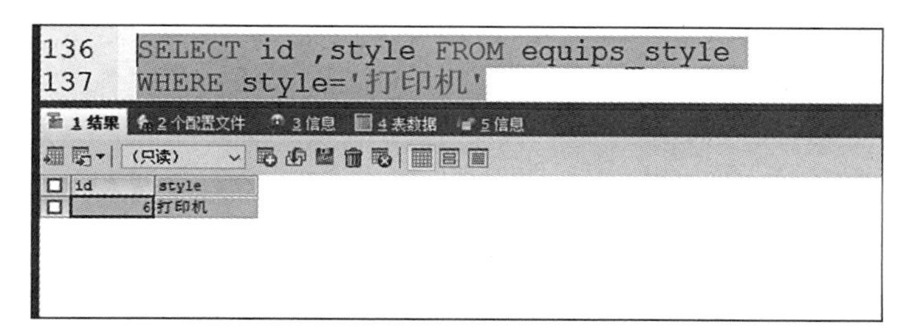

图 5.7　执行结果

任务描述

查询设备表（equips）中评估价值（valuess）小于 2 000 的设备的信息。

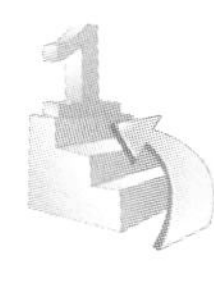

设计过程——使用算术表达式

（1）在新建查询编辑器中执行如下的 SQL 语句。

```
use bgsbDB
SELECT equid,equname ,valuess FROM equips WHERE valuess<2000
```

（2）执行结果如图 5.8 所示。

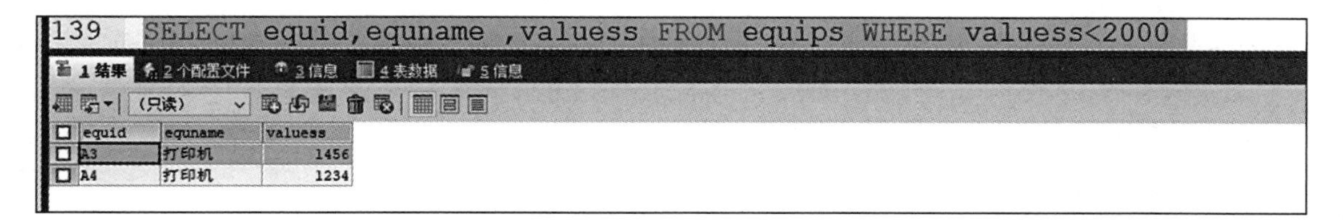

图 5.8　执行结果

5.1.8 使用搜索范围

任务描述

查询设备表（equips）中评估价值（valuess）范围在 2 000 ～ 10 000 的设备的信息。

设计过程——使用搜索范围

（1）在新建查询编辑器中执行如下的 SQL 语句。

```
use bgsbDB
SELECT equid,equname ,valuess FROM equips
WHERE valuess BETWEEN 2000 AND 10000
```

（2）执行结果如图 5.9 所示。

```
140  SELECT equid,equname ,valuess FROM equips  WHERE valuess BETWEEN 2000 AND 10000
141
```

equid	equname	valuess
A5	打印机	9586
A8	打印机	5000

图 5.9　执行结果

5.1.9 使用逻辑表达式

任务描述

查询设备表（equips）中评估价值（valuess）小于 2 000 和大于 10 000 的设备的信息。

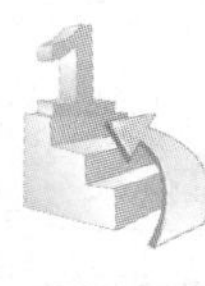

设计过程——使用逻辑表达式

（1）在新建查询编辑器中执行如下的 SQL 语句。

```
use bgsbDB
SELECT equid,equname ,valuess FROM equips
WHERE valuess <2000 or valuess >10000
```

（2）执行结果如图 5.10 所示。

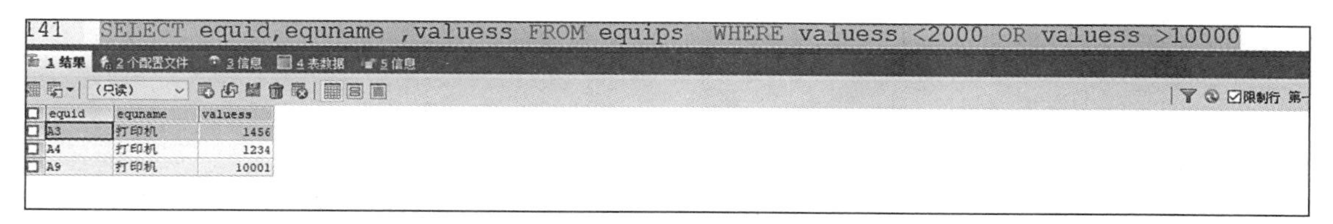

图 5.10 执行结果

5.1.10 使用 IN 关键字

任务描述

在设备类型表（equips_style）中查询设备类型（style）为“打印机”或“笔记本”的设备的信息。

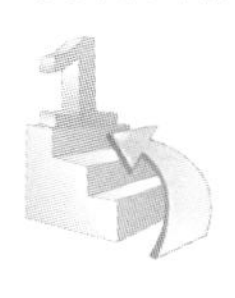

设计过程——使用 IN 关键字

（1）在新建查询编辑器中执行如下的 SQL 语句。

```
use bgsbDB
SELECT * FROM equips_style WHERE style IN (' 打印机 ',' 笔记本 ')
```

（2）执行结果如图 5.11 所示。

图 5.11 执行结果

任务描述

在设备类型表（equips_style）中查询设备类型（style）不为“打印机”或“笔记本”的设备的信息。

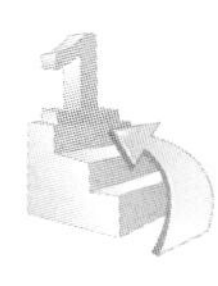

设计过程——使用 NOT IN 关键字

（1）在新建查询编辑器中执行如下的 SQL 语句。

```
use bgsbDB
```

```
SELECT * FROM equips_style WHERE style not IN (' 打印机 ',' 笔记本 ')
```

（2）执行结果如图 5.12 所示。

图 5.12　执行结果

5.1.11　使用聚合函数

任务描述

统计设备表中一共有多少件设备。

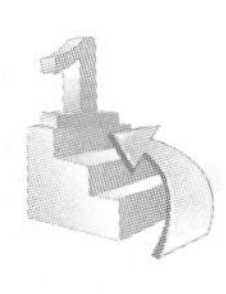

设计过程——使用聚合函数

（1）在新建查询编辑器中执行如下的 SQL 语句。

```
use bgsbDB
select COUNT(*) as 设备总量 from equips
```

（2）执行结果如图 5.13 所示。

图 5.13　执行结果

任务描述

查看设备表中评估价值（valuess）的最大值和最小值。

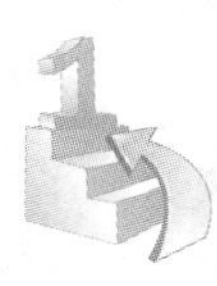

设计过程——使用聚合函数

（1）在新建查询编辑器中执行如下的 SQL 语句。

```
use bgsbDB
```

```
select MAX(valuess) as 最大价值 ,MIN(valuess) as 最小价值
from equips
```

（2）执行结果如图 5.14 所示。

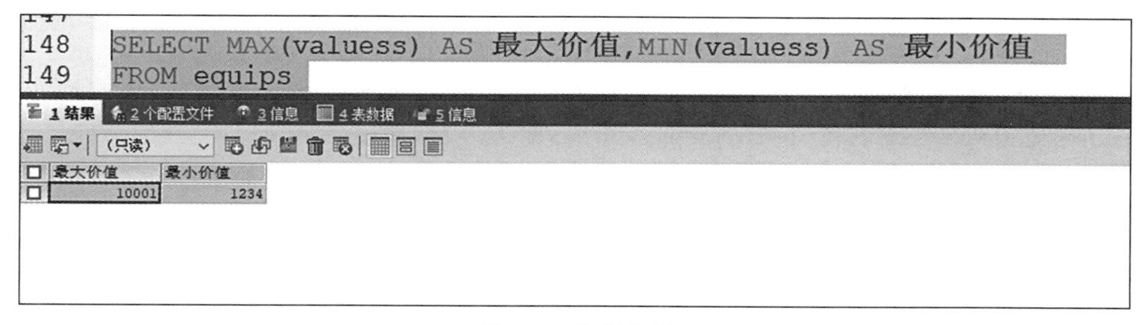

图 5.14　执行结果

5.1.12　使用计算列

任务描述

查询设备表中所有评估价值（valuess）提高 10% 后的结果，提高后的评估价值列标题显示为“提高后价值”。

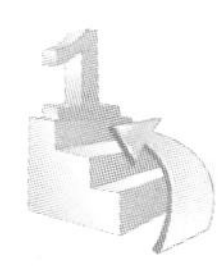

设计过程——使用计算列

（1）在新建查询编辑器中执行如下的 SQL 语句。

```
use bgsbDB
SELECT equid 设备编号 ,equname 设备名称 ,valuess*1.1 提高后价值 FROM equips
```

（2）执行结果如图 5.15 所示。

```
150 SELECT equid 设备编号,equname 设备名称,valuess*1.1  提高后价值
151 FROM equips
```

1 结果　2 个配置文件　3 信息　4 表数据　5 信息

(只读)

设备编号	设备名称	提高后价值
A3	打印机	1601.6000000000001
A4	打印机	1357.4
A5	打印机	10544.6
A8	打印机	5500
A9	打印机	11001.1

图 5.15　执行结果

5.1.13　将查询结果保存为数据表

任务描述

使用 CREATE TABLE 子句创建一个包含设备编号（equid）、设备名称（equname）和评估价值（valuess）的新表 newequips。

设计过程——将查询结果保存为数据表

（1）在新建查询编辑器中执行如下的 SQL 语句。

```
CREATE TABLE newequips AS SELECT equid,equname,valuess FROM equips
```

（2）执行结果如图 5.16 所示。

```
154  CREATE TABLE newequips AS SELECT equid,equname,valuess FROM equips

1 信息   2 表数据   3 信息
1 queries executed, 1 success, 0 errors, 0 warnings

查询: CREATE TABLE newequips AS SELECT equid,equname,valuess FROM equips

共 5 行受到影响

执行耗时    : 0.040 sec
传送时间    : 0.997 sec
总耗时      : 1.037 sec
```

（只读）

equid	equname	valuess
A3	打印机	1456
A4	打印机	1234
A5	打印机	9586
A8	打印机	5000
A9	打印机	10001

图 5.16　执行结果

5.1.14　使用模糊匹配

任务描述

查询设备编号以 A 开头的设备的信息。

设计过程——使用模糊匹配

（1）在新建查询编辑器中执行如下的 SQL 语句。

```
use bgsbDB
select equid,equname ,valuess
from equips
where equid like 'A%'
```

（2）执行结果如图 5.17 所示。

```
158  SELECT equid,equname ,valuess
159  FROM equips
160  WHERE equid LIKE 'A%'
```

1 结果　2 个配置文件　3 信息　4 表数据　5 信息

equid	equname	valuess
A3	打印机	1456
A4	打印机	1234
A5	打印机	9586
A8	打印机	5000
A9	打印机	10001

图 5.17　执行结果

任务描述

查询设备编号不是以 A 开头的设备的信息。

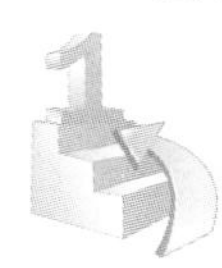

设计过程——使用模糊匹配

（1）在新建查询编辑器中执行如下的 SQL 语句。

```
use bgsbDB
SELECT equid,equname ,valuess
FROM equips
WHERE equid NOT LIKE 'A%'
```

（2）执行结果如图 5.18 所示。

```
162  SELECT equid,equname ,valuess
163  FROM equips
164  WHERE equid NOT LIKE 'A%'
```

1 结果　2 个配置文件　3 信息　4 表数据　5 信息

equid	equname	valuess
N1	笔记本	(NULL)
N2	笔记本	(NULL)

图 5.18　执行结果

任务描述

查询设备编号分别以 A 和 N 开头的设备信息。

设计过程——使用模糊匹配

（1）在新建查询编辑器中执行如下的 SQL 语句。

```
use bgsbDB
SELECT equid,equname ,valuess
FROM equips
WHERE equid LIKE 'A%' OR equid LIKE 'N%'
```

（2）执行结果如图 5.19 所示。

```
166  SELECT equid,equname ,valuess
167  FROM equips
168  WHERE equid LIKE 'A%' OR equid LIKE 'N%'
```

1 结果　2 个配置文件　3 信息　4 表数据　5 信息

（只读）

equid	equname	valuess
A3	打印机	1456
A4	打印机	1234
A5	打印机	9586
A8	打印机	5000
A9	打印机	10001
N1	笔记本	(NULL)
N2	笔记本	(NULL)

图 5.19　执行结果

5.1.15　空或非空性

任务描述

查询转移日期（zydates）不为空的设备的编号和名称。

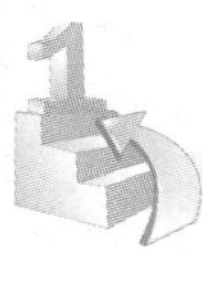

设计过程——空或非空性

（1）在新建查询编辑器中执行如下的 SQL 语句。

```
use bgsbDB
select equid,equname ,zydates
from equips
where zydates is NOT NULL
```

（2）执行结果如图 5.20 所示。

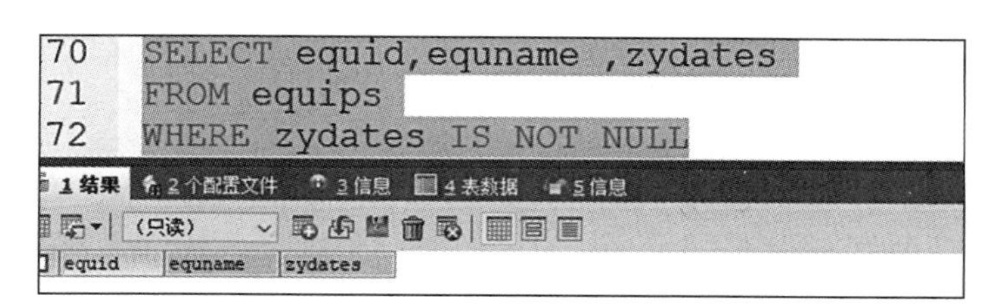

图 5.20　执行结果

5.1.16　复合条件查询

任务描述

查询评估价值（valuess）小于 6000 并且 departs 为“实验室”的设备信息。

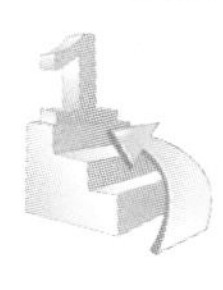

设计过程——复合条件查询

（1）在新建查询编辑器中执行如下的 SQL 语句。

```
use bgsbDB
select equid,equname ,departs,valuess
from equips
where valuess<6000 and departs=' 实验室 '
```

（2）执行结果如图 5.21 所示。

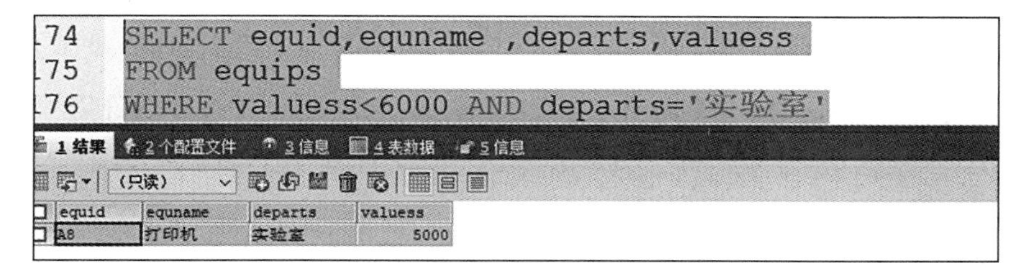

图 5.21　执行结果

5.1.17　对查询结果进行排序

任务描述

在设备表（equips）中查询设备编号（equid）、设备名称（equname）、使用部门（departs）以及评估价值（valuess），并按评估价值（valuess）从大到小进行排序。

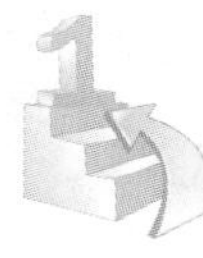

设计过程——对查询结果进行排序

（1）在新建查询编辑器中执行如下的 SQL 语句。

```
use bgsbDB
select equid,equname ,departs,valuess
from equips
order by valuess desc
```

（2）执行结果如图 5.22 所示。

```
179  SELECT equid,equname ,departs,valuess
180  FROM equips
181  ORDER BY valuess DESC
```

equid	equname	departs	valuess
A9	打印机	实验室	10001
A5	打印机	(NULL)	9586
A8	打印机	实验室	5000
A3	打印机	(NULL)	1456
A4	打印机	(NULL)	1234
N1	笔记本	(NULL)	(NULL)
N2	笔记本	(NULL)	(NULL)
(NULL)	(NULL)	(NULL)	(NULL)

图 5.22　执行结果

5.1.18　在查询中同时施加条件筛选与排序操作

任务描述

在设备表（equips）中查询使用部门为“实验室”的信息，并按评估价值（valuess）升序排列。

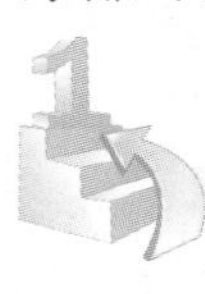

设计过程——在查询中同时施加条件筛选与排序操作

（1）在新建查询编辑器中执行如下的 SQL 语句。

```
use bgsbDB
select equid,equname ,departs,valuess
from equips
where departs=' 实验室 '
order by valuess ASC
```

（2）执行结果如图 5.23 所示。

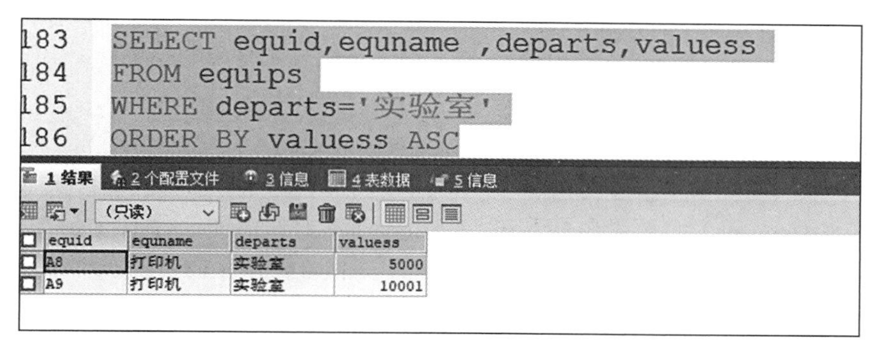

```
183  SELECT equid,equname ,departs,valuess
184  FROM equips
185  WHERE departs='实验室'
186  ORDER BY valuess ASC
```

equid	equname	departs	valuess
A8	打印机	实验室	5000
A9	打印机	实验室	10001

图 5.23　执行结果

5.1.19　对查询结果按照多个排序关键字进行排序

任务描述

在设备表（equips）中查询设备编号（equid）、设备名称（equname）、使用部门（departs）以及评估价值（valuess），并按评估价值（valuess）升序排序，按购买日期降序排序。

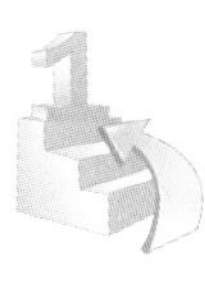

设计过程——对查询结果按照多个排序关键字进行排序

（1）在新建查询编辑器中执行如下的 SQL 语句。

```
use bgsbDB
SELECT equid,equname ,departs,valuess,PurDate
FROM equips
ORDER BY valuess ASC,PurDate DESC
```

（2）执行结果如图 5.24 所示。

```
188  SELECT equid,equname ,departs,valuess,PurDate
189  FROM equips
190  ORDER BY valuess ASC,PurDate DESC
```

equid	equname	departs	valuess	PurDate
(NULL)	(NULL)	实验室	600	2004/12
N2	笔记本	实验室	600	2004/11
N1	笔记本	2004/11	800	2004/11
A4	打印机	实验室	1234	(NULL)
A3	打印机	(NULL)	1456	(NULL)
A8	打印机	实验室	5000	(NULL)
A5	打印机	(NULL)	9586	(NULL)
A9	打印机	实验室	10001	(NULL)

图 5.24　执行结果

5.1.20 按照单一字段进行分组

任务描述

对设备表（equips）按照设备使用部门（departs）进行分组，统计出每类单位的记录数，以及评估价值（valuess）的最大值、最小值、平均值和评估价值（valuess）的总合。各聚合函数使用列别名显示。

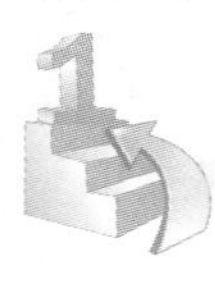

设计过程——按照单一字段进行分组

（1）在新建查询编辑器中执行如下的 SQL 语句。

```
use bgsbDB
select departs as 使用部门,
COUNT(*) as 记录数,
MAX(valuess)as 评估价值的最大值,
MIN(valuess)as 评估价值的最小值,
SUM(valuess)as 评估价值的最大值总和,
AVG(valuess)as 评估价值的平均值
from equips
group by departs
```

（2）执行结果如图 5.25 所示。

```
192  SELECT departs AS 使用部门,
193  COUNT(*) AS 记录数 ,
194  MAX(valuess)AS 评估价值的最大值,
195  MIN(valuess)AS 评估价值的最小值,
196  SUM(valuess)AS 评估价值的最大值总和,
197  AVG(valuess)AS 评估价值的平均值
198  FROM equips
199  GROUP BY departs
```

1 结果　2 个配置文件　3 信息　4 表数据　5 信息

（只读）

使用部门	记录数	评估价值的最大值	评估价值的最小值	评估价值的最大值总和	评估价值的平均值
使用室	2	9586	1456	11042	5521
实验室	5	10001	600	17435	3487
测试室	1	800	800	800	800

图 5.25　执行结果

5.1.21 按照多个字段进行分组

任务描述

对设备表（equips）按照设备使用部门（departs）和设备名称（equname）进行分组，

统计出每类单位的记录数，以及评估价值（valuess）的最大值、最小值、平均值和评估价值（valuess）的总合。各聚合函数使用列别名显示。

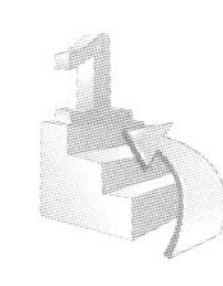

设计过程——按照多个字段进行分组

（1）在新建查询编辑器中执行如下的 SQL 语句。

```
use bgsbDB
select departs as 使用部门，
equname as 设备名称，
COUNT(*) as 记录数，
MAX(valuess)as 评估价值的最大值，
MIN(valuess)as 评估价值的最小值，
SUM(valuess)as 评估价值的最大值总和，
AVG(valuess)as 评估价值的平均值
from equips
group by departs,equname
```

（2）执行结果如图 5.26 所示。

```
201  SELECT departs AS 使用部门,
202  equname AS 设备名称,
203  COUNT(*)AS 记录数,
204  MAX(valuess)AS 评估价值的最大值,
205  MIN(valuess)AS 评估价值的最小值,
206  SUM(valuess)AS 评估价值的最大值总和,
207  AVG(valuess)AS 评估价值的平均值
208  FROM equips
209  GROUP BY departs,equname
```

1 结果　2 个配置文件　3 信息　4 表数据　5 信息

（只读）

使用部门	设备名称	记录数	评估价值的最大值	评估价值的最小值	评估价值的最大值总和	评估价值的平均值
使用室	打印机	2	9586	1456	11042	5521
实验室	打印机	3	10001	1234	16235	5411.66666666667
实验室	照相机	1	600	600	600	600
实验室	笔记本	1	600	600	600	600
测试室	笔记本	1	800	800	800	800

图 5.26　执行结果

5.1.22　带有 WHERE 条件的分组

任务描述

对设备表（equips）按照设备使用部门（departs）进行分组并设置设备名称（equname）为“微机”。统计出每类单位的记录数，以及评估价值（valuess）的最大值、最小值、平均值和评估价值（valuess）的总合。各聚合函数使用列别名显示。

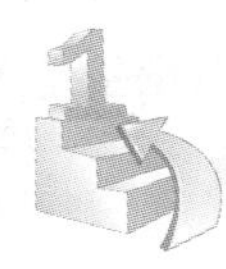

设计过程——带有 WHERE 条件的分组

（1）在新建查询编辑器中执行如下的 SQL 语句。

```
use bgsbDB
select departs as 使用部门，
COUNT(*)as 记录数，
MAX(valuess)as 评估价值的最大值，
MIN(valuess)as 评估价值的最小值，
SUM(valuess)as 评估价值的最大值总和，
AVG(valuess)as 评估价值的平均值
from equips
where equname=' 微机 '
group by departs
```

（2）执行结果如图 5.27 所示。

```
211  SELECT departs AS 使用部门,
212  COUNT(*)AS 记录数 ,
213  MAX(valuess)AS 评估价值的最大值,
214  MIN(valuess)AS 评估价值的最小值,
215  SUM(valuess)AS 评估价值的最大值总和,
216  AVG(valuess)AS 评估价值的平均值
217  FROM equips
218  WHERE equname='微机'
219  GROUP BY departs
```

1 结果 2 个配置文件 3 信息 4 表数据 5 信息

（只读）

使用部门	记录数	评估价值的最大值	评估价值的最小值	评估价值的最大值总和	评估价值的平均值
实验室	3	10001	1234	16235	5411.66666666667

图 5.27 执行结果

5.1.23 仅带有 HAVING 子句的分组查询

任务描述

对设备表（equips）按照设备使用部门（departs）进行分组并且统计出每类单位的记录数。查找纪录数大于 4 次的记录。

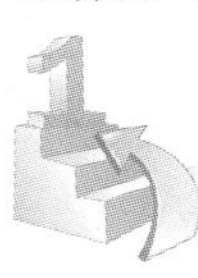

设计过程——仅带有 HAVING 子句的分组查询

（1）在新建查询编辑器中执行如下的 SQL 语句。

```
use bgsbDB;
select departs as 使用部门 ,COUNT(*)as 记录数
from equips
group by    departs
```

```
having COUNT(*)>4
```

（2）执行结果如图 5.28 所示。

```
14 SELECT departs AS 使用部门,COUNT(*)  AS 记录数
15 FROM equips
16 GROUP BY  departs
17 HAVING COUNT(*)>4
18
19
```

使用部门	记录数
实验室	7

图 5.28　执行结果

5.1.24　同时带有 WHERE 子句和 HAVING 子句的分组查询

任务描述

对设备表（equips）按照设备使用部门（departs）进行分组并设置设备名称（equname）为“微机”。统计出每类单位的记录数并且查找纪录数大于 4 次的记录。

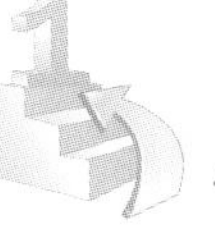

设计过程——同时带有 WHERE 子句和 HAVING 子句的分组查询

（1）在新建查询编辑器中执行如下的 SQL 语句。

```
use bgsbDB;
select departs as 使用部门 ,COUNT (*)as 记录数
from equips
where equname=' 微机 '
group by   departs
having COUNT (*)>4
```

（2）执行结果如图 5.29 所示。

```
19 SELECT departs AS 使用部门,COUNT(*)AS 记录数
20 FROM equips
21 WHERE equname='微机'
22 GROUP BY  departs
23 HAVING COUNT(*)>4
```

使用部门	记录数
实验室	5

图 5.29　执行结果

知识卡：

兼有 WHERE 子句与 HAVING 子句的分组查询语句的执行逻辑顺序如下：

（1）从 FROM 子句指定的表中获取所有的记录。

（2）执行 WHERE 子句，过滤掉不符合筛选条件的记录。

（3）执行 GROUP BY 子句，对筛选后剩下的记录进行分组处理。

（4）执行 HAVING 子句，对分组后的数据集再次筛选，去除不符合条件的行。

5.1.25 在查询中实施分类汇总

任务描述

查询输出设备表（equips）中设备名称（equname）为“工作站”的设备的信息，根据部门进行分组，并统计评估价值（valuess）的平均值和总和，将统计结果分类汇总显示。

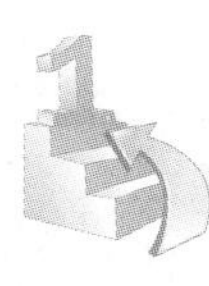

设计过程——在查询中实施分类汇总

（1）在新建查询编辑器中执行如下的 SQL 语句。

```
use bgsbDB;
SELECT equname,departs ,valuess,SUM(valuess) AS 总和 ,AVG(valuess) AS 平均值
FROM equips
WHERE equname=' 工作站 '
GROUP BY departs
```

（2）执行结果如图 5.30 所示。

```
19 SELECT equname,departs ,valuess,SUM(valuess) AS 总和,AVG(valuess) AS 平均值
20 FROM equips
21 WHERE equname='工作站'
22 GROUP BY departs
```

1 结果　2 个配置文件　3 信息　4 表数据　5 信息

(只读)

equname	departs	valuess	总和	平均值
工作站	使用室	1232	14474	7237
工作站	实验室	5643	5643	5643
工作站	工程部	1234	46899	23449.5

图 5.30 执行结果

5.2 多表查询

5.2.1 使用 JOIN 关键字实现等值内连接

任务描述

查询设备编号（equid）、设备名称（equname）和设备类型（style）。

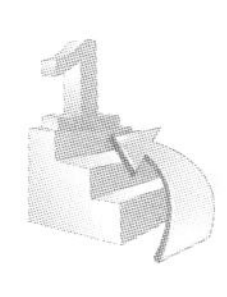

设计过程——使用 JOIN 关键字实现等值内连接

（1）在新建查询编辑器中执行如下的 SQL 语句。

```
use bgsbDB;
select equid 设备编号 ,equname 设备名称 ,style 设备类型
from equips INNER JOIN equips_style ON equips.id=equips_style.id
```

（2）执行结果如图 5.31 所示。

```
24  SELECT equid 设备编号,equname 设备名称,style 设备类型
25  FROM equips INNER JOIN equips_style ON equips.id=equips_style.id
```

1 结果　2 个配置文件　3 信息　4 表数据　5 信息

设备编号	设备名称	设备类型
A3	打印机	笔记本
A3	打印机	照相机
A3	微机	工作站微机

图 5.31　执行结果

知识卡：

用于连接查询的多个表之间必须要有某种联系，通常表现为这些表之间存在着意义相同的字段列，这是连接查询存在的必要性。

使用 JOIN 关键字实现内连接的命令格式如下：

SELECT < 目标项列表 > FROM < 表名 1> INNER　JOIN < 表名 2> ON < 连接条件 > [WHERE < 查询条件表达式 >] [GROUP BY < 分组表达式 > [HAVING < 条件表达式 >]][ORDER BY < 排序表达式 > [ASC | DESC]] [;]

5.2.2 不用 JOIN 关键字实现等值内连接

任务描述

查询设备编号（equid）、设备名称（equname）和设备类型（style）。

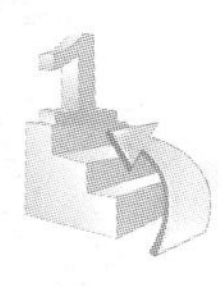

设计过程——不用 JOIN 关键字实现等值内连接

（1）在新建查询编辑器中执行如下的 SQL 语句。

```
use bgsbDB;
select equid 设备编号 ,equname 设备名称 ,style 设备类型
from equips ,equips_style
where equips.id=equips_style.id
```

（2）执行结果如图 5.32 所示。

```
30  SELECT equid 设备编号,equname 设备名称,style 设备类型
31  FROM equips ,equips_style
32  WHERE equips.id=equips_style.id
```

1 结果　2 个配置文件　3 信息　4 表数据　5 信息

设备编号	设备名称	设备类型
A3	打印机	笔记本
A3	打印机	照相机
A3	微机	工作站微机

图 5.32　执行结果

知识卡：

不使用 JOIN 关键字实现内连接的命令格式如下：

SELECT < 目标项列表 > FROM < 表名 1>, < 表名 2> WHERE　关联条件 [GROUP BY < 分组表达式 > [HAVING < 条件表达式 >]][ORDER BY < 排序表达式 > [ASC | DESC]] [;]

5.2.3 复合条件连接

任务描述

查询设备编号（equid）、设备名称（equname）和设备类型（style）；查询设备类型

（style）为“笔记本”的记录。

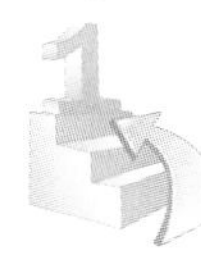

设计过程——复合条件连接

（1）在新建查询编辑器中执行如下的 SQL 语句。

```
use bgsbDB;
select equid 设备编号 ,equname 设备名称 ,style 设备类型
from equips ,equips_style
where equips.id=equips_style.id and style=' 笔记本 '
```

（2）执行结果如图 5.33 所示。

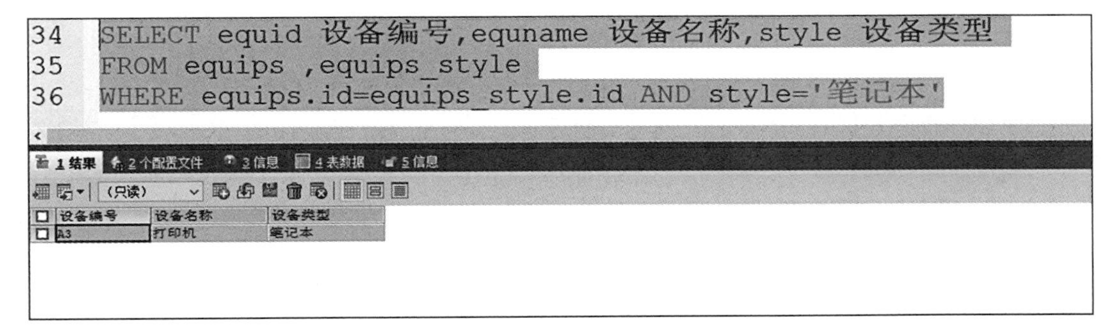

图 5.33 执行结果

知识卡：

在多表连接查询中，如果在 WHERE 子句中，或 ON 关键字所携带的连接条件中，包含由两个或两个以上的条件表达式组成的复合条件，则称这类连接为复合条件连接。

5.2.4 使用 IN 关键字的嵌套查询

任务描述

查询设备编号（equid）、购置日期（PurDate）和使用部门（departs）；查询设备类型（style）为“笔记本”的记录。

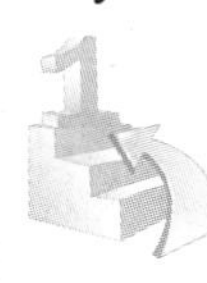

设计过程——使用 IN 关键字的嵌套查询

（1）在新建查询编辑器中执行如下的 SQL 语句。

```
use bgsbDB;
```

```
select equid 设备编号 ,PurDate 购置日期 ,departs 使用部门
from equips where id in(select id    from equips_style where style=' 笔记本 ')
```

（2）执行结果如图 5.34 所示。

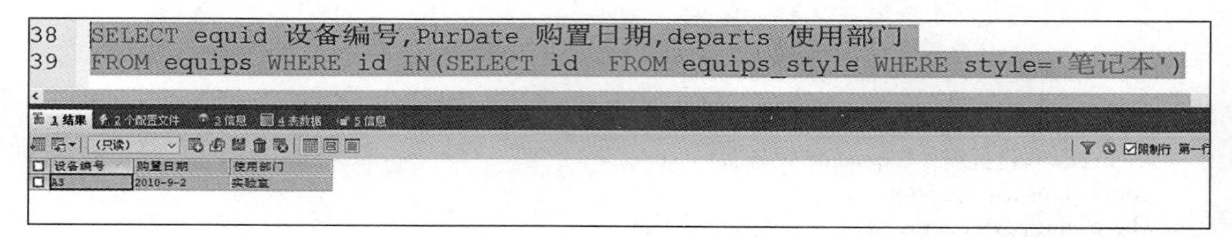

图 5.34　执行结果

知识卡：

[NOT] IN 关键字的用法如下：

SELECT-FROM WHERE < 列名或表达式 > [NOT]　IN（内层 / 子查询）[;]

5.2.5　使用比较运算符嵌套查询

任务描述

查询小于操作者（options）为王刚的评估价值（valuess）的设备类型（style）。

设计过程——使用比较运算符嵌套查询

（1）在新建查询编辑器中执行如下的 SQL 语句。

```
use bgsbDB;
SELECT * FROM equips_style WHERE id IN
(SELECT id FROM equips WHERE valuess<
(SELECT valuess FROM equips WHERE options=' 王刚 '))
```

（2）执行结果如图 5.35 所示。

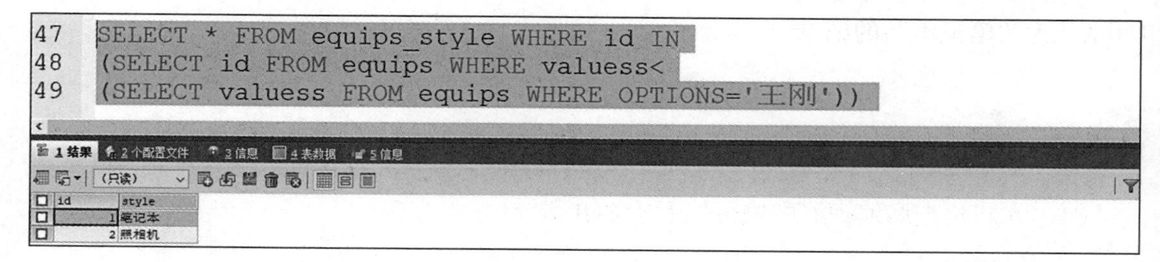

图 5.35　执行结果

知识卡：

当子查询的返回结果为某一单值类型时，常用比较运算符来关联内、外层查询块。通过比较运算符关联内、外层查询块的嵌套查询用法如下：

SELECT-FROM WHERE < 列名或表达式 > OP(子查询)[;]

其中 OP 为 =、!=、<>、>、>=、<、<=、!>、!< 等比较运算符。

任务描述

查询评估价值（valuess）等于设备编号（equid）为 A3 的设备类型（style）。

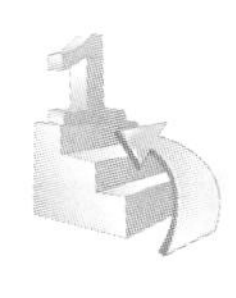

设计过程——使用比较运算符嵌套查询

（1）在新建查询编辑器中执行如下的 SQL 语句。

```
use bgsbDB;
SELECT * FROM equips_style WHERE id IN
(SELECT id FROM equips WHERE valuess=
(SELECT valuess FROM equips WHERE equid='A3'))
```

（2）执行结果如图 5.36 所示。

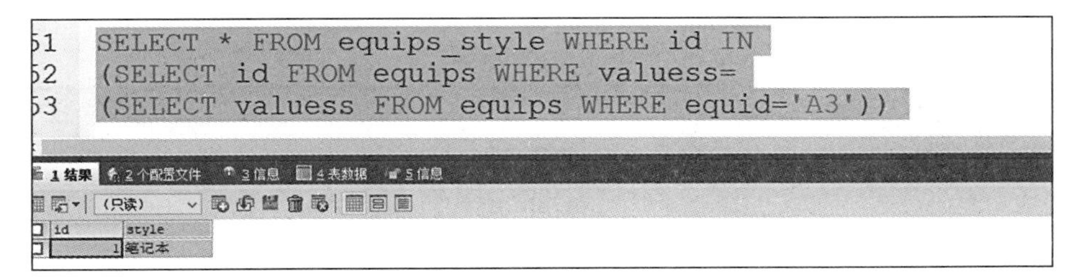

图 5.36　执行结果

思考与练习

一、填空题

1. 在 SELECT 语句的 6 个基本子句中，最先被执行的是________子句。
2. 将条件表达式 x BETWEEN 20 AND 40 改写为逻辑表达式的形式，应该是________。
3. 在对数据行分组以后，可以使用子句________对组进行筛选。
4. 内连接使用________。

二、判断题

1. Having 可以在没有 GROUP BY 的前提下自己单独使用。(　　)

2. 多表关联查询只能使用内连接的方式实现。(　　)

3. ORDER BY 可以在 GROUP BY 前面执行。(　　)

4. 模糊查询使用关键字 LIKE 实现。(　　)

三、选择题

下面的查询语句表示(　　)。

SELECT COUNT (author) FROM Books

A. 查询 Books 表中 author 列的总和

B. 查询 Books 表中 author 列的平均值

C. 查询 Books 表中 author 列的最大值

D. 查询 Books 表中 author 列的总数

四、简答题

根据如下 4 张表回答问题。

表(一)Student

Sno	Sname	Ssex	Sbirthday	class
108	曾华	男	1977-09-01	95033
105	匡明	男	1975-10-02	95031
107	王丽	女	1976-01-23	95033
101	李军	男	1976-02-20	95033
109	王芳	女	1975-02-10	95031
103	陆君	男	1974-06-03	95031

表(二)Course

Cno	Cname	Tno
3-105	计算机导论	825
3-245	操作系统	804
6-166	数字电路	856
9-888	高等数学	831

表(三)Score

Sno	Cno	Degree
103	3-245	86
105	3-245	75
109	3-245	68
103	3-105	92
105	3-105	88
109	3-105	76
101	3-105	64

续表

Sno	Cno	Degree
107	3-105	91
108	3-105	78
101	6-166	85
107	6-166	79
108	6-166	81

表（四）Teacher

Tno	Tname	Tsex	Tbirthday	Prof	Depart
804	李诚	男	1958-12-02	副教授	计算机系
856	张旭	男	1969-03-12	讲师	电子工程系
825	王萍	女	1972-05-05	助教	计算机系
831	刘冰	女	1977-08-14	助教	电子工程系

（1）查询每门课的平均成绩。

（2）查询 Score 表中至少有 5 名学生选修的并以 3 开头的课程的平均分数。

（3）查询所有学生的 Sname、Cno 和 Degree 列。

（4）查询所有学生的 Sname、Cname 和 Degree 列。

（5）查询“95033”班学生的平均分。

（6）查询选修“3-105”课程的成绩高于“109”号同学成绩的所有同学的记录。

（7）查询选修“3-105”课程的并且成绩高于“109”号同学成绩的所有同学的记录。

（8）查询 Score 表中选学多门课程的同学中分数为非最高分成绩的记录。

（9）查询成绩高于学号为“109”、课程号为“3-105”的成绩的所有记录。

（10）查询和学号为 108 的同学同年出生的所有学生的 Sno、Sname 和 Sbirthday 列。

（11）查询“张旭”教师任课的学生的成绩。

（12）查询选修某课程的同学人数多于 5 人的教师姓名。

（13）查询“计算机系”与“电子工程系”不同职称的教师的 Tname 和 Prof。

（14）查询选修编号为“3-105”课程且成绩至少高于选修编号为“3-245”的同学的 Cno、Sno 和 Degree，并按 Degree 从高到低进行排序。

（15）查询选修编号为“3-105”且成绩高于选修编号为“3-245”课程的同学的 Cno、Sno 和 Degree。

（16）查询所有任课教师的 Tname 和 Depart。

（17）查询所有未讲课的教师的 Tname 和 Depart。

（18）查询 Student 表中不姓“王”的同学记录。

（19）查询 Student 表中每个学生的姓名和年龄。

（20）查询所有选修“计算机导论”课程的“男”同学的成绩表。

单元 6

办公设备管理系统数据库中视图的应用

工作任务

任务描述	办公设备管理系统数据库中视图的应用
工作流程	1. 创建视图； 2. 查看视图； 3. 修改视图； 4. 删除视图； 5. 操作视图数据
任务成果	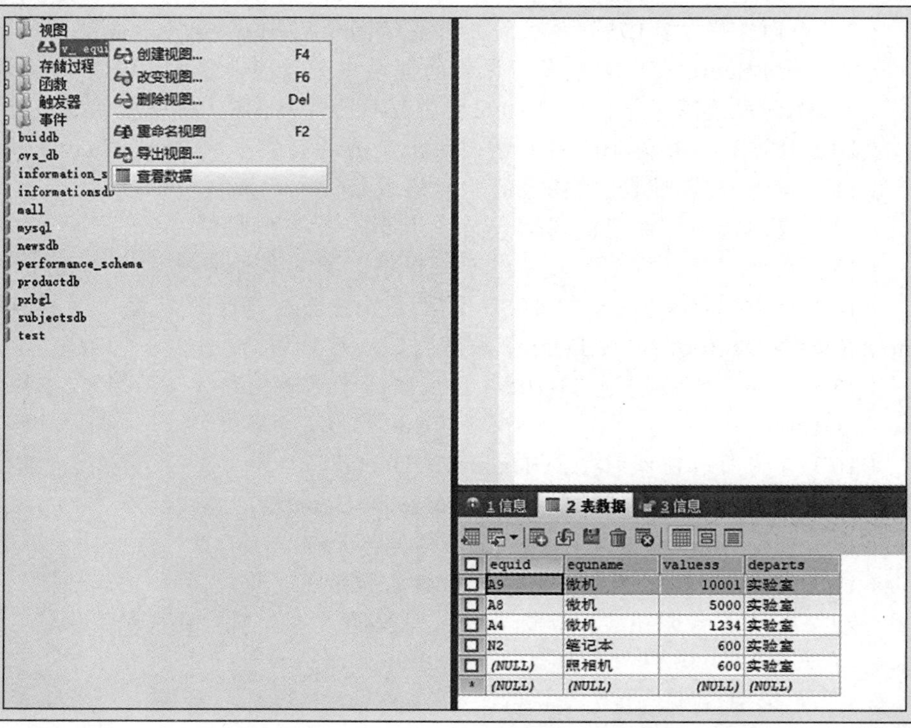

续表

知识目标	1. 掌握创建视图的方法； 2. 掌握查看视图的方法； 3. 掌握修改视图的方法； 4. 掌握删除视图的方法； 5. 掌握操作视图数据的方法
能力目标	1. 具备对各类视图实施创建、修改和删除等操作的能力； 2. 能够通过视图操作对基表数据产生特定影响； 3. 不断提升专业素养，注重对社会责任感、使命感、荣誉感的培养

理论知识

一、视图的基本概念

数据库技术经历多年的发展，其功能已经远远不是存储和管理数据这么简单，新的版本会通过很多易用的特性来提高用户体验、帮助企业节约资源。本单元将详细介绍 MySQL 提供的一个新特性——视图（VIEW），通过视图操作不仅可以简化查询，还可以提升安全性。

所谓视图，本质上是一种虚拟表，其内容与真实的表相似，包含一系列带有名称的列和行数据。但是，视图并不在数据库中以存储的数据值形式存在。行和列数据来自定义视图的查询所引用的基本表，并且在具体引用视图时动态生成。

视图是原始数据库数据的一种变换，是查看表中数据的另外一种方式。可以将视图看作一个移动的窗口，查看感兴趣的数据。视图是从一个或多个实际表中获得的，这些表的数据存放在数据库中。用于产生视图的表叫作该视图的基表。一个视图也可以从另一个视图中产生。

视图的定义存在于数据库中，与此定义相关的数据并没有再存一份于数据库中。通过视图看到的数据存放在基表中。

视图看上去非常像数据库的物理表，对它的操作同其他表一样。当通过视图修改数据时，实际上是在改变基表中的数据；相反，基表数据的改变也会自动反映在由基表产生的视图中。由于逻辑方面的原因，有些视图可以修改对应的基表，而有些则不能（仅仅能查询）。

二、为什么使用视图

通过前面单元的内容可以发现，数据库中关于数据的查询有时候非常复杂，例如表连接、子查询等，因为逻辑太复杂、编写语句比较多。若需要重复使用这种查询，难以确保每次编写均正确，从而降低了数据库的实用性。

有时候管理员只能操作部分字段，而不是全部字段。例如，公司员工的工资一般是保密的，如果因为程序员一时疏忽在查询中写入了关于“工资”的字段，则会将员工的“工资”显示给所有能够查看该查询结果的人。为此，需要限制管理员操作的字段。

为了提高复杂 SQL 语句的复用性和表操作的安全性，MySQL 数据库管理系统提供了视图特性。视图有助于管理员关注感兴趣的数据或所负责的特定任务，这样，管理员便只能看到视图中所定义的数据，而不是视图所引用的表中的数据，从而提升了数据库中数据的安全性。

视图的特点如下：

（1）视图的列可以来自不同的表，是表的抽象，是在逻辑意义上建立的新关系。

（2）视图是由基本表（实表）产生的表（虚表）。

（3）视图的建立和删除不影响基本表。

（4）对视图内容的更新（添加、删除和修改）直接影响基本表。

（5）当视图来自多个基本表时，不允许添加和删除数据。

视图的操作包括创建视图、查看视图、删除视图和修改视图。在创建视图时，要确保拥有 CREATE VIEW 的权限，并确保对创建视图所引用的表也具有相应的权限。

6.1 创建视图

6.1.1 使用 SQLyog 创建基于单一基表的视图

任务描述

基于数据库 bgsbDB 的设备表（equips），创建名为 V_equips 的视图，视图内容为使用部门（departs）为“内饰工厂”或者为“实验室”的所有设备的设备编号（equid）、设备名称（equname）、评估价值（valuess）以及使用部门（departs），并按照评估价值（valuess）降序排序。

设计过程——使用 SQLyog 创建基于单一基表的视图

（1）在 SQLyog 中创建视图的操作是在对象资源管理器中的 bgsbdb 数据库的下拉节点的视图中完成的。主要步骤如下：

1）启动 SQLyog，在对象资源管理器中展开目标数据库节点。

2）右击视图，在快捷菜单中选择【创建视图】，如图 6.1 所示。在打开的【Create View】对话框中给视图命名，如图 6.2 所示。

图 6.1　选择【创建视图】

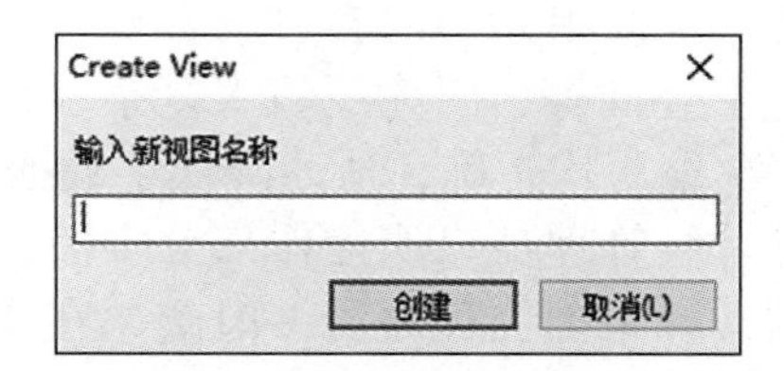

图 6.2　命名视图

3）在弹出的 V_equips 视图窗口输入 SQL 语句。

4）将 SQL 语句全部选中并执行，如图 6.3 所示。

```
1
2   CREATE
3       /*[ALGORITHM = {UNDEFINED | MERGE | TEMPTABLE}]
4       [DEFINER = { user | CURRENT_USER }]
5       [SQL SECURITY { DEFINER | INVOKER }]*/
6       VIEW `buiddb`.`V_ equips`
7       AS
8   (
9   SELECT equid,equname,valuess,departs FROM equips
10  WHERE departs='内饰工厂' OR departs='实验室'
11  ORDER BY valuess DESC
12  );
13

1 信息   2 表数据   3 信息
queries executed, 1 success, 0 errors, 0 warnings
查询: CREATE VIEW `buiddb`.`V_ equips` AS ( SELECT equid,equname,valuess,departs FROM equips WHERE departs='内饰工厂' OR departs='...
共 0 行受到影响
执行耗时   : 0.117 sec
传送时间   : 1.035 sec
总耗时     : 1.152 sec
```

图 6.3　全选 SQL 语句

（2）执行结果如图 6.4 所示。

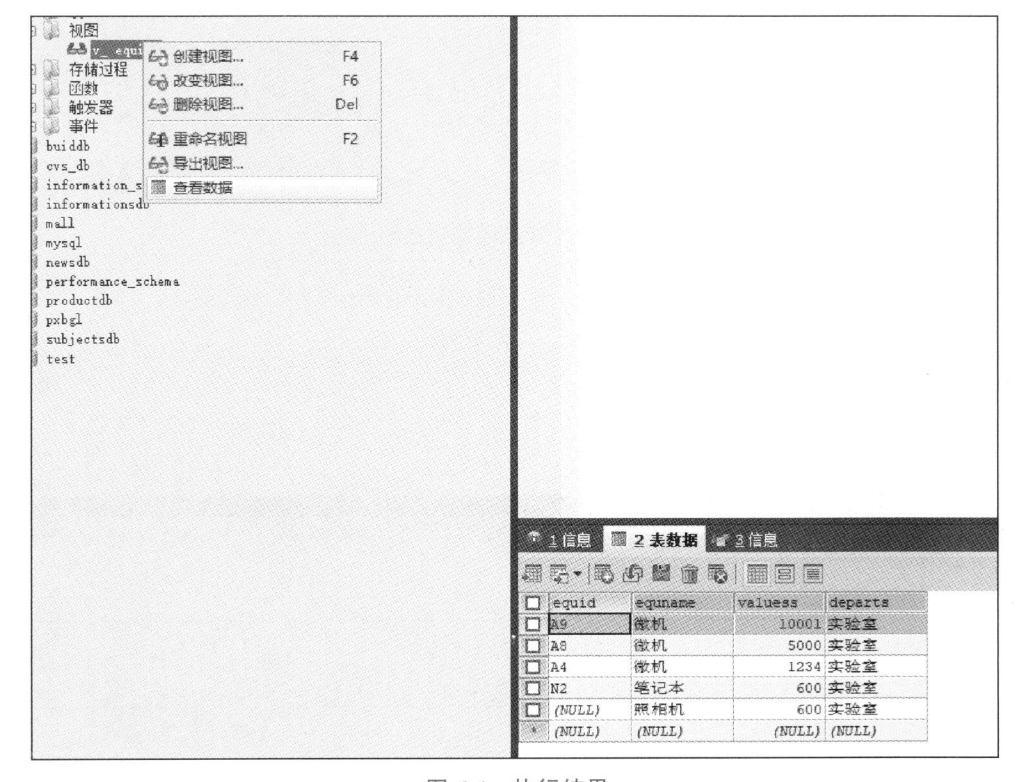

图 6.4　执行结果

6.1.2　使用 SQL 语句创建基于单一基表的视图

任务描述

基于数据库 bgsbDB 的设备表（equips），创建名为 V_equips 的视图，视图内容为使用部门（departs）为“内饰工厂”或者为“实验室”的所有设备的设备编号（equid）、设备名称（equname）、评估价值（valuess）以及使用部门（departs）。

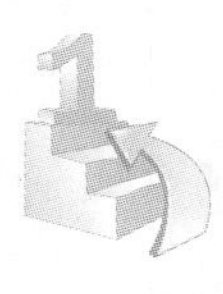

设计过程——使用 SQL 语句创建基于单一基表的视图

（1）在新建查询编辑器中执行如下的 SQL 语句。

```
use bgsbDB
CREATE VIEW V_equips
AS
(
SELECT equid, equname,valuess,departs
FROM equips
WHERE departs=' 内饰工厂 ' OR departs=' 实验室 '
)
```

（2）执行结果如图 6.5 所示。

```
1  CREATE VIEW V_equips
2  AS
3  (
4  SELECT equid, equname,valuess,departs
5  FROM equips
6  WHERE departs='内饰工厂' OR departs='实验室')
7
8  SELECT * FROM V_equips
```

1 结果　2 个配置文件　3 信息　4 表数据　5 信息

（只读）

equid	equname	valuess	departs
A4	微机	1234	实验室
A8	微机	5000	实验室
A9	微机	10001	实验室
N2	笔记本	600	实验室
(NULL)	照相机	600	实验室

图 6.5　执行结果

知识卡：

CREATE VIEW 语句用以创建视图，基本语法如下：

```
CREATE VIEW <视图名>
AS <查询语句>;
```

6.1.3 使用 SQLyog 创建基于多个基表的视图

任务描述

基于数据库 bgsbDB 的设备表（equips）和设备类型表（equips_style），创建名为 V_equips_style 的视图，视图内容为使用部门（departs）为“实验室”并且设备名称（equname）为“打印机”的所有设备的设备编号（equid）、设备名称（equname）、设备类型（style）以及使用部门（departs），并按照设备编号（equid）降序排序。

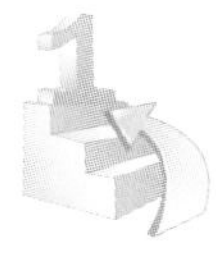

设计过程——使用 SQLyog 创建基于多个基表的视图

（1）操作和 6.1.2 介绍的方法一致，只需要更换为如下 SQL 语句。

```
SELECT equid, equname, style,departs
FROM equips,equips_style
WHERE equname='打印机' AND departs='实验室' ORDER BY equid DESC
```

（2）执行结果如图 6.6 所示。

图 6.6 执行结果

6.1.4 使用 SQL 语句创建基于多个基表的视图

任务描述

基于数据库 bgsbDB 的设备表（equips）和设备类型表（equips_style），创建名为 V_equips_style 的视图，视图内容为使用部门（departs）为“实验室”并且设备名称（equname）为“打印机”的所有设备的设备编号（equid）、设备名称（equname）、设备类型（style）以及使用部门（departs）。

设计过程——使用 SQL 语句创建基于多个基表的视图

（1）在新建查询编辑器中执行如下的 SQL 语句。

```
CREATE VIEW V_equips_style
AS
(
SELECT    equid, equname, style,departs
FROM equips,equips_style
WHERE equname=' 打印机 ' and departs=' 实验室 '
);
```

（2）执行结果如图 6.7 所示。

```
10 CREATE VIEW V_equips_style
11 AS
12 (
13 SELECT  equid, equname, style,departs
14 FROM equips,equips_style
15 WHERE equname='打印机' AND departs='实验室'
16 );
17
18 SELECT * FROM V_equips_style
```

1 结果　2 个配置文件　3 信息　4 表数据　5 信息

（只读）

equid	equname	style	departs
A3	打印机	打印机	实验室
A3	打印机	照相机	实验室
A3	打印机	笔记本	实验室
A5	打印机	打印机	实验室
A5	打印机	照相机	实验室
A5	打印机	笔记本	实验室

图 6.7　执行结果

6.2 查看视图

6.2.1 使用 SQLyog 查看视图内容

任务描述

查看名为 V_equips_style 的视图。

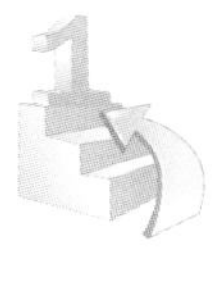

设计过程——使用 SQLyog 查看视图内容

（1）在 SQLyog 中查看视图的主要步骤如下：

1）启动 SQLyog，在对象资源管理器中依次展开【数据库】节点、【bgsbDB】数据库节点、【视图】节点。

2）右击目标视图对象，在快捷菜单中选择【查看数据】，打开表数据窗口。

（2）执行结果如图 6.8 所示。

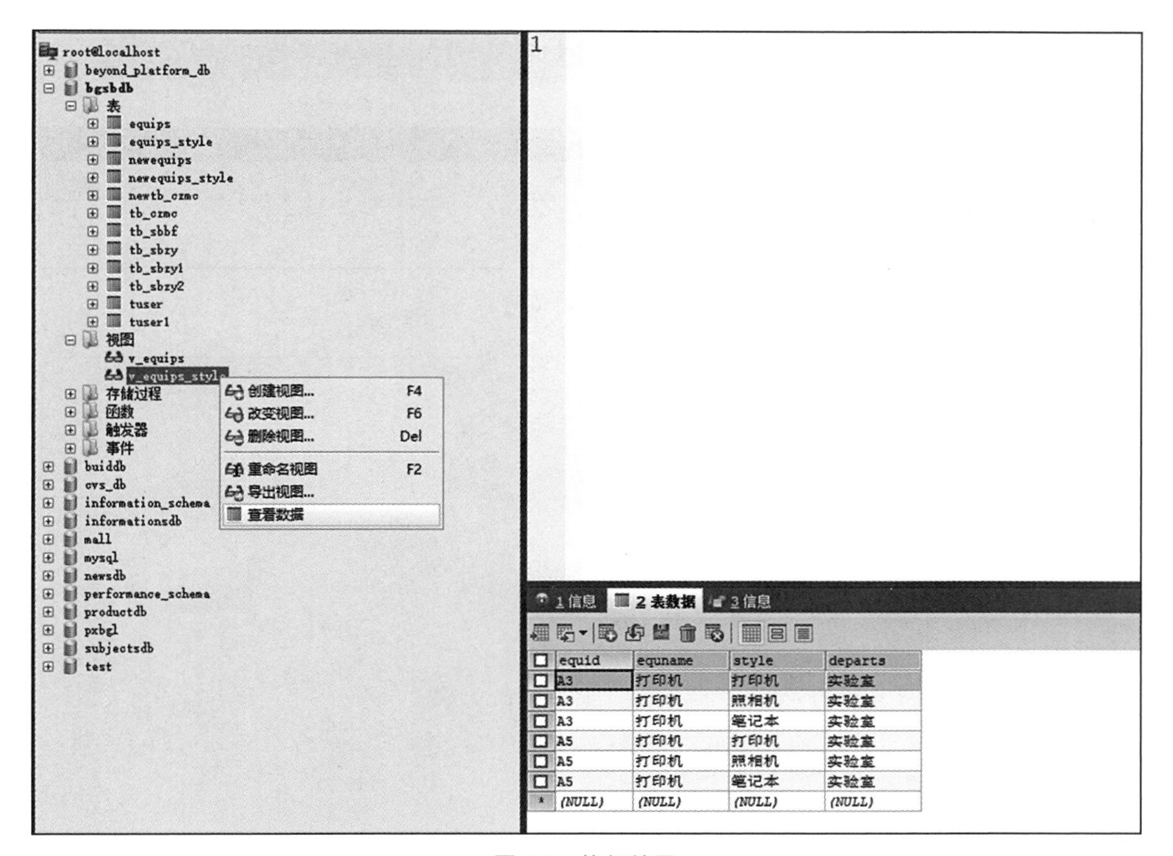

图 6.8　执行结果

6.2.2 使用 SQL 语句检索视图数据

任务描述

查看 V_equips_style 视图中设备编号（equid）为“A3”并且设备类型（style）为“笔记本”的设备的信息。

设计过程——使用 SQL 语句检索视图数据

（1）在新建查询编辑器中执行如下的 SQL 语句。

```
use bgsbDB
SELECT * FROM V_equips_style
WHERE equid='A3' AND style=' 笔记本 '
```

（2）执行结果如图 6.9 所示。

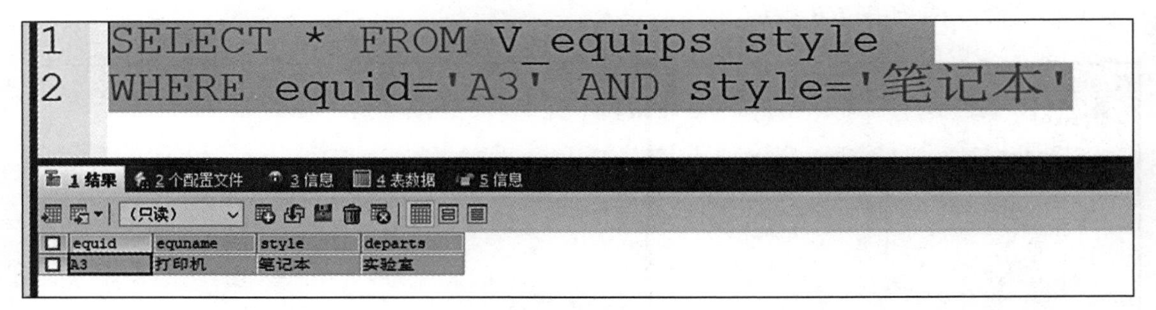

```
1  SELECT * FROM V_equips_style
2  WHERE equid='A3' AND style='笔记本'
```

equid	equname	style	departs
A3	打印机	笔记本	实验室

图 6.9 执行结果

知识卡：

使用 SELECT 语句检索视图数据的基本语法如下：

SELECT 列名 /* FROM < 视图名 > [;]

6.2.3 检索视图信息

任务描述

检索 V_equips_style 视图的信息。

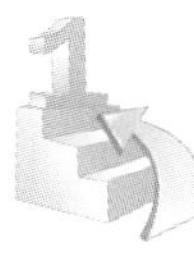

设计过程——查看视图的信息

（1）在新建查询编辑器中执行如下的 SQL 语句。

```
SHOW CREATE VIEW V_equips_style;
```

（2）执行结果如图 6.10 所示。

```
4
5  SHOW CREATE VIEW V_equips_style
```

1 结果　2 信息　3 表数据　4 信息

（只读）

View	Create View	character_set_client	collation_connection
v_equips_style	CREATE ALGORITHM=UNDEFINED DEFINER=`root`@`localhost` SQL SECURITY	utf8	utf8_general_ci

图 6.10　执行结果

知识卡：

SHOW CREATE VIEW 用来查看视图的信息。语法如下：

SHOW CREATE VIEW <视图名>;

6.2.4　检索视图所依赖的对象信息

任务描述

检索 V_equips_style 视图中各种参照对象的信息。

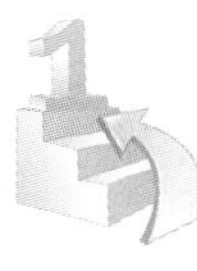

设计过程——检索视图所依赖的对象信息

（1）选中该视图对象，右击并选择快捷菜单中的【查看数据】，切换到【信息】窗口即可。

（2）执行结果如图 6.11 所示。

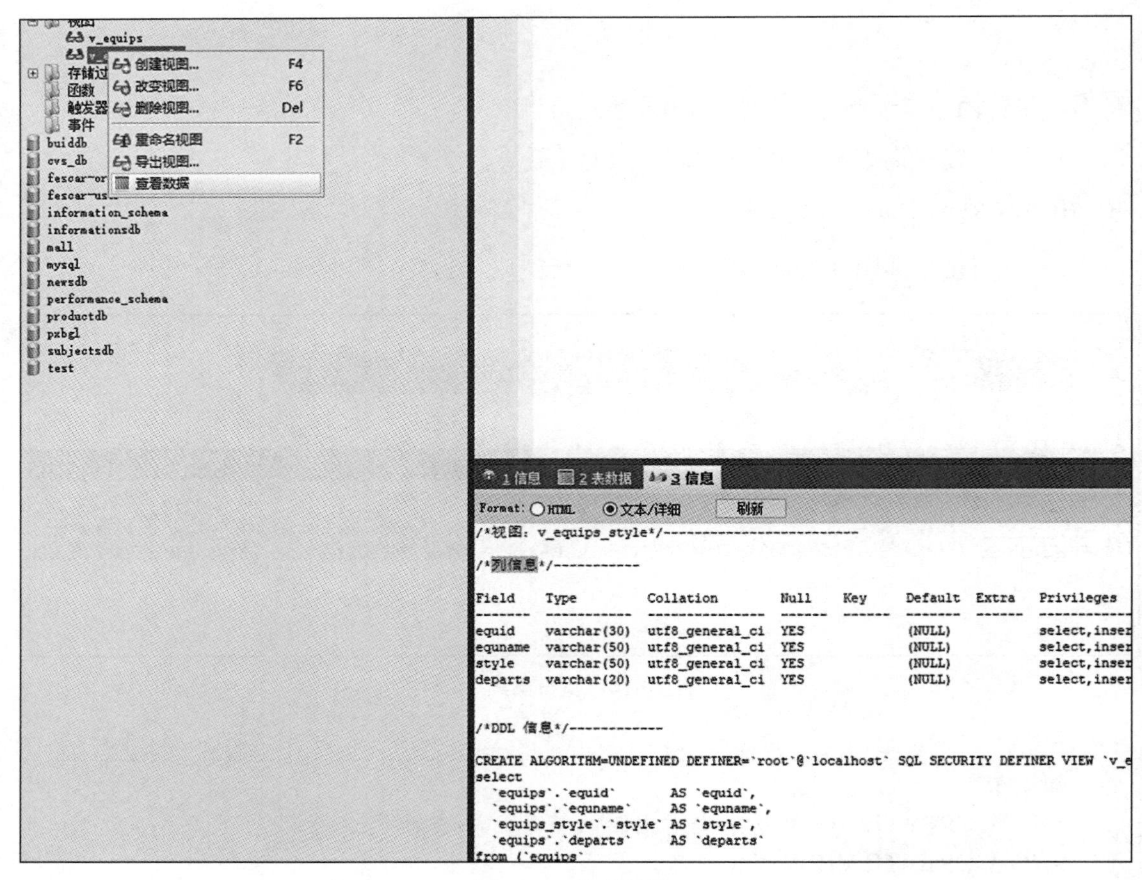

图 6.11　执行结果

6.3　修改视图

6.3.1　修改由一个基表导出的视图定义

任务描述

修改视图 V_equips 中评估价值（valuess）小于 2 000 的设备的信息。

设计过程——修改由一个基表导出的视图定义

（1）在对象资源管理器中找到对应的数据库节点，右击目标视图并在快捷菜单中选择【改变视图】，如图 6.12 所示。

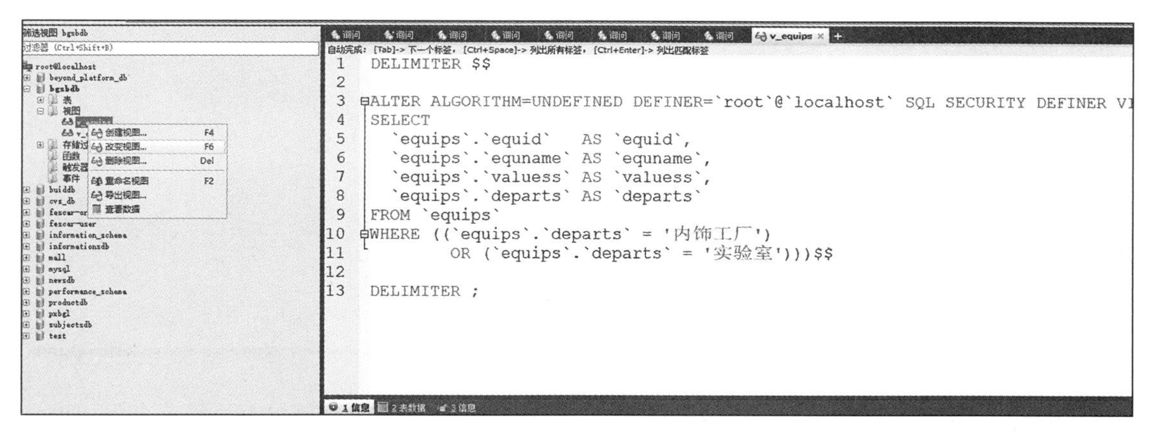

图 6.12　选择【改变视图】

（2）将 AS 括号里面的 SQL 语句更换为如下 SQL 语句并执行。

```
SELECT equid,equname ,valuess FROM equips WHERE valuess<2000
```

（3）执行结果如图 6.13 所示。

```
1  DELIMITER $$
2  ALTER ALGORITHM=UNDEFINED DEFINER=`root`@`localhost` SQL SECURITY DEFINER VIEW `v_equips` AS (
3  SELECT equid,equname ,valuess FROM equips
4  WHERE valuess<2000
5  )$$
6  DELIMITER ;
7
```

```
1 queries executed, 1 success, 0 errors, 0 warnings

查询: ALTER ALGORITHM=UNDEFINED DEFINER=`root`@`localhost` SQL SECURITY DEFINER VIEW `v_equips` AS ( SELECT equid,equname ,valuess FRO...

共 0 行受到影响

执行耗时   : 0.350 sec
传送时间   : 1.045 sec
总耗时     : 1.395 sec
```

equid	equname	valuess
A3	打印机	1456
A4	微机	1234
N1	笔记本	800
N2	笔记本	600
(NULL)	照相机	600
(NULL)	(NULL)	(NULL)

图 6.13　执行结果

6.3.2　修改关联多个基表导出的视图定义

任务描述

修改 V_equips_style 视图，将视图定义为（valuess）小于 10 000 的设备信息。

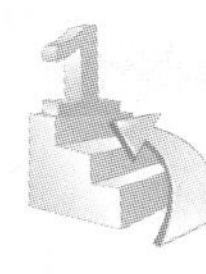

设计过程——修改关联多个基表导出的视图定义

（1）操作方法同 6.3.1 所述，SQL 语句如下：

```
SELECT equid,equname ,valuess FROM equips
WHERE valuess < 10000
```

（2）执行结果如图 6.14 所示。

```
1   DELIMITER $$
2
3   ALTER ALGORITHM=UNDEFINED DEFINER=`root`@`localhost` SQL SECURITY DEFINER VIEW `v_equips_style` AS (
4   SELECT equid,equname ,valuess FROM equips
5   WHERE valuess < 10000)$$
6
7   DELIMITER ;
```

1 queries executed, 1 success, 0 errors, 0 warnings

查询：ALTER ALGORITHM=UNDEFINED DEFINER=`root`@`localhost` SQL SECURITY DEFINER VIEW `v_equips_style` AS (SELECT equid,equname ,value...

共 0 行受到影响

执行耗时 ：0.032 sec
传送时间 ：1.032 sec
总耗时 ：1.064 sec

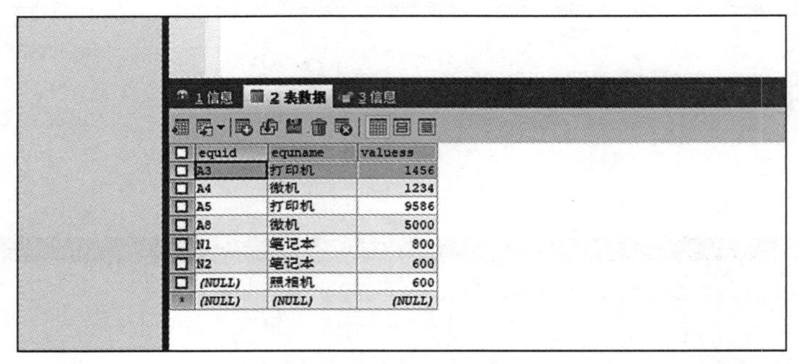

equid	equname	valuess
A3	打印机	1456
A4	微机	1234
A5	打印机	9586
A8	微机	5000
N1	笔记本	800
N2	笔记本	600
(NULL)	照相机	600
(NULL)	(NULL)	(NULL)

图 6.14　执行结果

6.3.3　使用 SQL 语句修改视图

任务描述

修改 V_equips_style 视图，将视图定义为（valuess）小于 10 000 的设备信息。

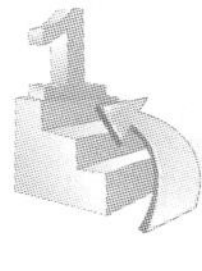

设计过程——使用 SQL 语句修改视图

（1）在新建查询编辑器中执行如下的 SQL 语句。

```
use bgsbDB
ALTER VIEW V_equips_style
AS(
```

```
SELECT  equid, equname, style,departs,valuess
FROM equips,equips_style
WHERE equname=' 打印机 ' AND departs=' 实验室 'AND valuess<10000)
```

（2）执行结果如图 6.15 所示。

```
1
2 ALTER VIEW V_equips_style
3 AS(
4 SELECT  equid, equname, style,departs,valuess
5 FROM equips,equips_style
6 WHERE equname='打印机' AND departs='实验室'AND valuess<10000)
7 ;
8 SELECT * FROM V_equips_style
```

1 结果　2 信息　3 表数据　4 信息

equid	equname	style	departs	valuess
A3	打印机	打印机	实验室	1456
A3	打印机	照相机	实验室	1456
A3	打印机	笔记本	实验室	1456
A5	打印机	打印机	实验室	9586
A5	打印机	照相机	实验室	9586
A5	打印机	笔记本	实验室	9586

图 6.15　执行结果

知识卡：

ALTER VIEW 语句用来修改已有视图（包括索引视图）的定义，基本语法如下：

ALTER VIEW < 视图名 > AS < 查询语句 > [;]

6.4　操作视图数据

6.4.1　通过向视图插入数据改变基表内容

任务描述

向视图 V_equips 中插入 3 行数据。操作成功后，查看视图与基表的内容是否都被改变。

设计过程——通过向视图插入数据改变基表内容

（1）在新建查询编辑器中执行如下的 SQL 语句。

```
use bgsbDB;
insert into V_equips
values('A99',' 微机 ',' 实验室 ','1280');
insert into V_equips
```

```
values('A91',' 微机 ',' 实验室 ','2222');
insert into V_equips
values('A97',' 微机 ',' 实验室 ','27722');
```

（2）执行结果如图 6.16 所示。

```
10  INSERT INTO V_equips
11  VALUES('A99','微机','实验室','1280');
12  INSERT INTO V_equips
13  VALUES('A91','微机','实验室','2222');
14  INSERT INTO V_equips
15  VALUES('A97','微机','实验室','27722');
```

```
1 信息  2 表数据  3 信息
3 queries executed, 3 success, 0 errors, 0 warnings

查询: insert into V_equips values('A99','微机','实验室','1280')

共 1 行受到影响

执行耗时   : 0.032 sec
传送时间   : 0 sec
总耗时     : 0.033 sec
--------------------------------------------------

查询: insert into V_equips values('A91','微机','实验室','2222')

共 1 行受到影响

执行耗时   : 0.001 sec
传送时间   : 0 sec
总耗时     : 0.001 sec
--------------------------------------------------

查询: insert into V_equips values('A97','微机','实验室','27722')
```

图 6.16　执行结果

知识卡：

用 INSERT 语句为可更新视图插入记录数据，这种操作将影响基表的数据内容。插入的基本语法如下：

INSERT [INTO] < 视图名 > [(< 列名列表 >)] VALUES (值 1, 值 2, 值 3......) [;]

6.4.2　通过更改视图数据改变基表内容

任务描述

修改视图 V_equips，把设备编号（equid）为“A99”的设备的评估价值（valuess）提高 10%。

设计过程——通过更改视图数据改变基表内容

（1）在新建查询编辑器中执行如下的 SQL 语句。

```
use bgsbDB;
update V_equips
set valuess=valuess*1.1
where equid='A99'
```

（2）执行结果如图 6.17 所示。

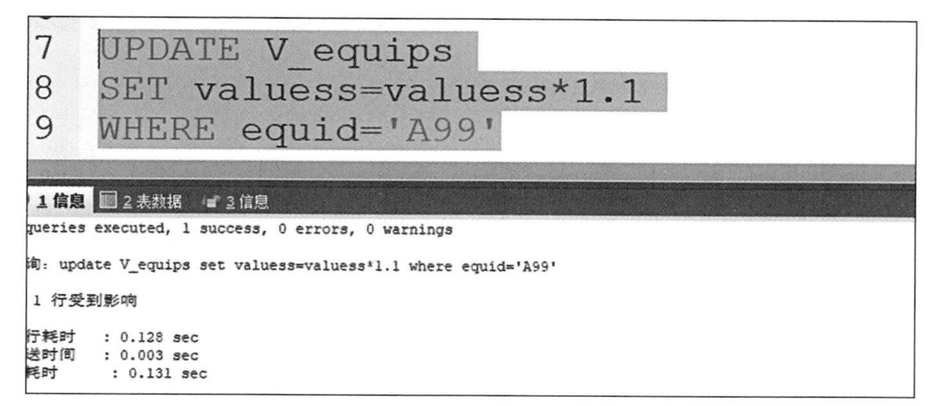

图 6.17 执行结果

知识卡：

用 UPDATE 语句可更新视图中的一行或多行数据，这种操作将影响基表的数据内容。更改视图的基本语法如下：

UPDATE < 视图名 > SET { < 列名 > = < 表达式 > [,...n] } [WHERE { < 条件表达式 > }] [;]

6.4.3 通过删除视图数据改变基表内容

任务描述

删除视图 V_equips 中设备名称（equname）为“微机”并且评估价值（valuess）为 1 280 的数据记录。

设计过程——通过删除视图数据改变基表内容

（1）在新建查询编辑器中执行如下的 SQL 语句。

```
use bgsbDB;
delete from V_equips
where equname=' 微机 'and valuess=1280;
```

（2）执行结果如图 6.18 所示。

```
22  DELETE FROM V_equips
23  WHERE equname='微机'AND valuess=1280

1 信息  2 表数据  3 信息
1 queries executed, 1 success, 0 errors, 0 warnings

查询: delete from V_equips where equname='微机'and valuess=1280

共 0 行受到影响

执行耗时    : 0.003 sec
传送时间    : 0 sec
总耗时      : 0.003 sec
```

图 6.18　执行结果

知识卡：

用 DELETE 语句删除可更新视图中一行或多行数据。这种操作将影响基表的数据内容。基本语法如下：

DELETE [FROM] < 视图名 > [WHERE { < 条件表达式 > }] [;]

6.5　删除视图

任务描述

删除已创建的视图。

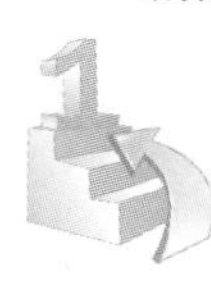

设计过程——删除视图

（1）在新建查询编辑器中执行如下的 SQL 语句。注意，前提是要有视图。

```
drop view View_1;
```

（2）执行结果如图 6.19 所示。

知识卡：

DROP VIEW 语句用来删除当前数据库中指定的视图，基本语法如下：

DROP VIEW < 视图名 >[;]

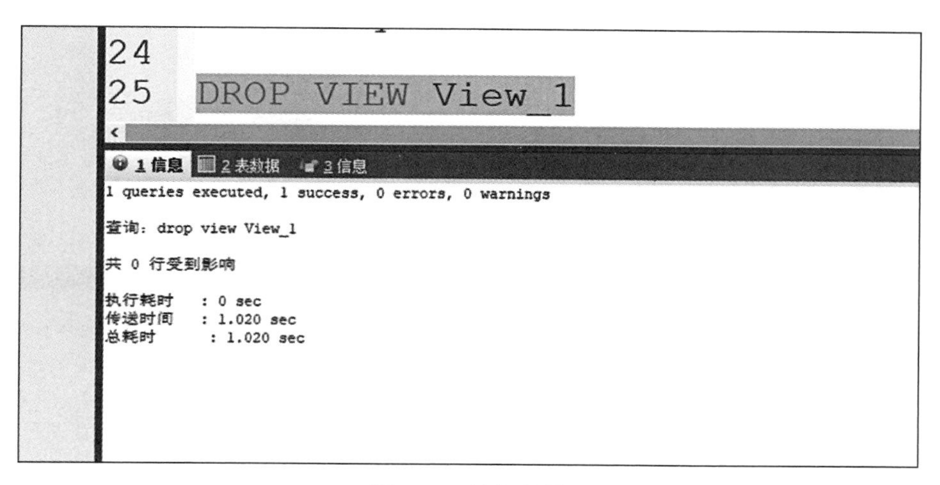
24
25 DROP VIEW View_1
1 信息 2 表数据 3 信息
1 queries executed, 1 success, 0 errors, 0 warnings
查询：drop view View_1
共 0 行受到影响
执行耗时 : 0 sec
传送时间 : 1.020 sec
总耗时 : 1.020 sec

图 6.19 执行结果

6.6 视图应用

6.6.1 创建视图

任务描述

在销售管理数据库中创建一个订单详细信息视图，包括员工姓名、订购商品名称、订购数量、单价和订购日期。Employee、Sell_Order 和 product 为表单名称。

设计过程——创建视图

（1）在新建查询编辑器中执行如下的 SQL 语句。

```
USE CompanySales;
CREATE VIEW Em_Sell_Order
As
(
SELECT    EM.EmployeeName AS 员工姓名 , PD.ProductName AS 商品名 ,
 SO.SellOrderNumber AS 订购数量 , PD.Price AS 单价 ,
SO.SellOrderDate AS 订购日期
FROM    Employee  AS  EM  INNER JOIN  Sell_Order  AS  SO
ON  EM.employeeID = SO.employeeID
INNER JOIN  product  AS  PD
ON SO.ProductID = PD.ProductID
)
```

（2）执行结果如图 6.20 所示。

```
18   Price FLOAT NOT NULL
19   )
20   CREATE VIEW Em_Sell_Order AS
21   (
22   SELECT EM.EmployeeName AS 员工姓名, PD.ProductName AS 商品名,
23   SO.SellOrderNumber AS 订购数量, PD.Price AS 单价,
24   SO.SellOrderDate AS 订购日期
25   FROM    Employee   AS   EM   INNER JOIN   Sell_Order    AS   SO
26   ON  EM.employeeID = SO.employeeID
27   INNER JOIN  product   AS   PD
28   ON SO.ProductID = PD.ProductID
29   )

1 queries executed, 1 success, 0 errors, 0 warnings
查询: CREATE VIEW Em_Sell_Order AS ( SELECT EM.EmployeeName AS 员工姓名, PD.ProductName AS 商品名, SO.SellOrderNumber AS 订购...
共 0 行受到影响
执行耗时    : 0.028 sec
传送时间    : 1.006 sec
总耗时      : 1.035 sec
```

图 6.20 执行结果

任务描述

在销售管理数据库中创建一个员工订单信息视图，包括员工编号、订单数目和订单总金额。

设计过程——创建视图

（1）在新建查询编辑器中执行如下的 SQL 语句。

```
USE CompanySales;
CREATE VIEW Total_Em_Sell
AS
(
SELECT 员工姓名 , COUNT(*) 订单数目 ,SUM( 单价 * 订购数量 ) 总金额
FROM Em_Sell_order
GROUP BY 员工姓名
)
```

（2）执行结果如图 6.21 所示。

```
30
31   CREATE VIEW Total_Em_Sell
32   AS
33   (
34   SELECT 员工姓名, COUNT(*) 订单数目,SUM( 单价*订购数量) 总金额
35   FROM Em_Sell_order
36   GROUP BY 员工姓名
37   )

1 queries executed, 1 success, 0 errors, 0 warnings
查询: CREATE VIEW Total_Em_Sell AS ( SELECT 员工姓名, Count(*) 订单数目,SUM( 单价*订购数量) 总金额 FROM Em_Sell_order...
共 0 行受到影响
执行耗时    : 0.036 sec
传送时间    : 1.044 sec
总耗时      : 1.081 sec
```

图 6.21 执行结果

任务描述

在销售管理数据库中创建一个商品销售信息视图，包括商品名称、订购总数量。

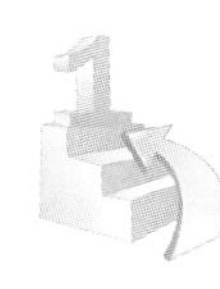

设计过程——创建视图

（1）在新建查询编辑器中执行如下的 SQL 语句。

```
USE CompanySales;
CREATE VIEW View_Pro_Sell
AS
(
SELECT 商品名 ,SUM( 订购数量 ) 总数量
FROM em_sell_Order
GROUP BY 商品名
)
```

（2）执行结果如图 6.22 所示。

```
39  CREATE VIEW View_Pro_Sell
40  AS
41  (
42  SELECT 商品名,SUM(订购数量) 总数量
43  FROM em_sell_Order
44  GROUP BY 商品名
45  )

1 信息  2 表数据  3 信息
 queries executed, 1 success, 0 errors, 0 warnings

查询: CREATE VIEW View_Pro_Sell AS ( SELECT 商品名,SUM(订购数量) 总数量 FROM em_sell_Order Group BY 商品名 )

共 0 行受到影响

执行耗时    : 0.035 sec
传送时间    : 1.045 sec
总耗时      : 1.081 sec
```

图 6.22　执行结果

6.6.2　利用视图查询数据

任务描述

在销售管理数据库中查询“牛奶”的订购数量。

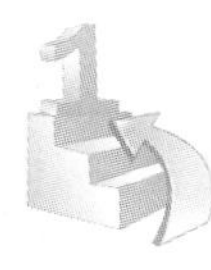

设计过程——利用视图查询数据

（1）在新建查询编辑器中执行如下的 SQL 语句。

```
USE   CompanySales;
SELECT * FROM   View_Pro_Sell WHERE 商品名 =' 牛奶 '
```

（2）执行结果如图 6.23 所示。

```
47   USE  CompanySales;
48   SELECT * FROM  View_Pro_Sell WHERE  商品名='牛奶'
```

商品名	总数量
牛奶	600

图 6.23　执行结果

任务描述

在销售管理数据库中查询员工“姜玲娜”接收的销售订购信息。

设计过程——利用视图查询数据

（1）在新建查询编辑器中执行如下的 SQL 语句。

```
USE   CompanySales;
SELECT * FROM Em_Sell_Order WHERE   员工姓名 =' 姜玲娜 '
```

（2）执行结果如图 6.24 所示。

图 6.24　执行结果

6.6.3 利用视图更新数据

任务描述

员工“姜玲娜”接收到一条“牛奶”订单，在销售管理数据库中利用视图添加订单信息。

设计过程——利用视图更新数据

（1）在新建查询编辑器中执行如下的 SQL 语句。

```
USE    CompanySales;
INSERT INTO    Em_Sell_order( 员工姓名 , 商品名 , 订购数量 , 单价 , 订购日期 )
VALUES(' 姜玲娜 ',' 牛奶 ',20,6.6,'2009-2-1');
```

（2）执行结果如图 6.25 所示。

```
50    INSERT INTO   Em_Sell_order(员工姓名,商品名,订购数量,单价,订购日期)
51    VALUES('姜玲娜','牛奶',20,6.6,'2009-2-1')

1 信息   2 表数据   3 信息
1 queries executed, 0 success, 1 errors, 0 warnings

查询: INSERT INTO Em_Sell_order(员工姓名,商品名,订购数量,单价,订购日期) VALUES('姜玲娜','牛奶',20,6.6,'2009-2-1'...

错误代码: 1393
Can not modify more than one base table through a join view 'companysales.em_sell_order'

执行耗时   : 0 sec
传送时间   : 0 sec
总耗时     : 0 sec
```

视图不可修改，会影响多张表

图 6.25　执行结果

思考与练习

一、填空题

1. 向视图中添加数据使用________选项。
2. 修改视图中的数据使用________选项。
3. 查看视图的定义信息使用________选项。
4. 删除视图的命令是________。

二、选择题

1. 下面哪个语句是用来创建视图的语句？(　　)

A. CREATE VIEW　　B. CREATE TABLE

C. ALTER VIEW　　D. ALTER TABLE

2. 下列说法中错误的是（　　）。

A. 获取数据更加容易　　B. 视图不能用于连接多张表

C. 一个视图可以嵌套另一个视图　　D. 视图数据也可以进行更新

3. 下列说法中正确的是（　　）。

A. 只能通过视图查询数据，不能通过视图修改数据

B. 可以创建多表的视图

C. 如果要修改一个视图的定义，则必须先删除该视图然后再重建一个同名视图

D. 由于视图具有很多明显的优势，所以数据库管理员应创建尽可能多的视图

4. 下列说法中错误的是（　　）。

A. 不能修改视图中通过计算列得到的列中的数据

B. 如果定义视图的 SELECT 语句中包含 GROUP BY 子句，则不能通过该视图修改数据

C. 如果定义视图的 SELECT 语句中包含 DISTINCT 关键词，则不能通过该视图修改数据

D. 通过视图修改表中数据时，不必考虑表的完整性约束问题

5. 使用视图的好处是（　　）。

A. 简化复杂的查询　　B. 使用十分灵活

C. 提升数据安全性　　D. 以上都对

6. 修改视图表中的数据使用（　　）命令。

A. DELETE　　B. ALERT　　C. DROP　　D. UPDATE

单元 7

办公设备管理系统数据库中索引的应用

工作任务

<table>
<tr><td>任务描述</td><td>办公设备管理系统数据库中索引的应用</td></tr>
<tr><td>工作流程</td><td>1. 创建索引；
2. 管理索引</td></tr>
<tr><td>任务成果</td><td>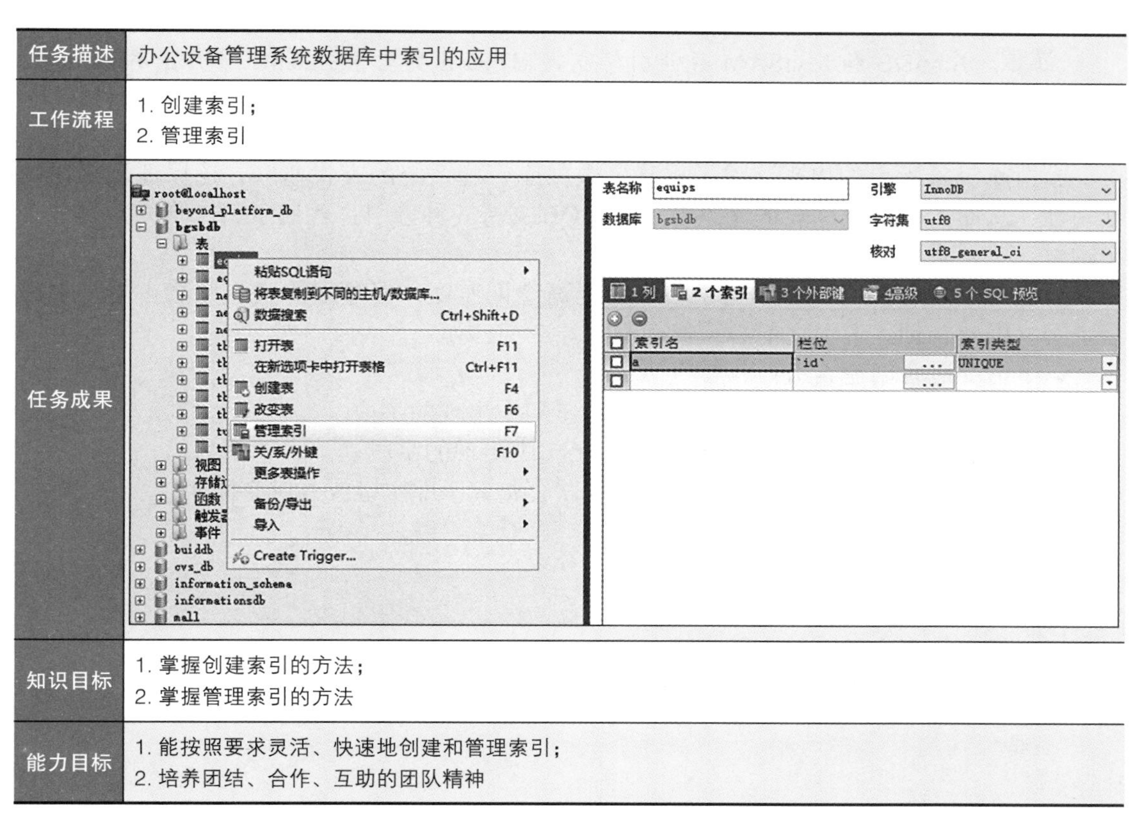
</td></tr>
<tr><td>知识目标</td><td>1. 掌握创建索引的方法；
2. 掌握管理索引的方法</td></tr>
<tr><td>能力目标</td><td>1. 能按照要求灵活、快速地创建和管理索引；
2. 培养团结、合作、互助的团队精神</td></tr>
</table>

理论知识

一、索引的基本概念

在 MySQL 数据库中，数据库对象表是存储和操作数据的逻辑结构，而本单元所要介绍的数据库对象索引则是一种有效组合数据的方式。通过索引对象，可以快速查询数据库对象表中的特定记录，是一种提高效率的常用方式。一个索引会包含表中按照一定顺序排序的一列或多列字段。索引的操作包含创建索引、修改索引和删除索引，这些操作是 MySQL 软件中最基本、最重要的操作之一。

二、为什么使用索引

数据库对象索引其实与书的目录非常类似，主要是为了提高从表中检索数据的速度。由于数据存储在数据库表中，所以索引是创建在数据库表对象上的，由表中的一个字段或多个字段生成的键组成，这些键存储在数据结构（B- 树或哈希表）中，通过 MySQL 可以快速有效地查找与键值相关联的字段。根据索引的存储类型，可以将索引分为 B 型树索引（BTREE）和哈希索引（HASH）。

> 注意：InnoDB 和 MylSAM 存储引擎支持 BTREE 类型索引，MEMORY 存储引擎支持 HASH 类型索引，默认为前者索引。

数据库对象索引的出现，除了提高了数据库管理系统的查找速度，还保证了字段的唯一性，从而实现数据库表的完整性。MySQL 支持 6 种索引：普通索引、唯一索引、全文索引、单列索引、多列索引和空间索引。

索引的创建有利有弊，创建索引可以提高查询速度，但过多的索引则会占据许多磁盘空间。因此在创建索引之前必须权衡利弊。

以下情况适合创建索引：

（1）经常被查询的字段，即在 WHERE 子句中出现的字段。

（2）在分组的字段，即在 GROUP BY 子句中出现的字段。

（3）存在依赖关系的子表和父表之间的联合查询，即主键或外键字段。

（4）设置唯一完整性约束的字段。

以下情况不适合创建索引：

（1）在查询中很少被使用的字段。

（2）拥有许多重复值的字段。

索引的操作包括创建索引、查看索引和删除索引。

7.1 创建索引

7.1.1 使用 SQLyog 创建聚集索引

任务描述

在设备表（equips）上创建编号（id）的聚集索引。

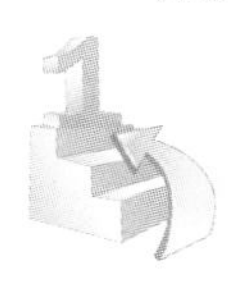

设计过程——使用 SQLyog 创建聚集索引

（1）在对象资源管理器中展开【bgsbdb】数据库，右击 equips 表，在快捷菜单中选择【管理索引】。

（2）在【索引】窗口输入索引名称、索引类型、索引栏位等，如图 7.1 所示。

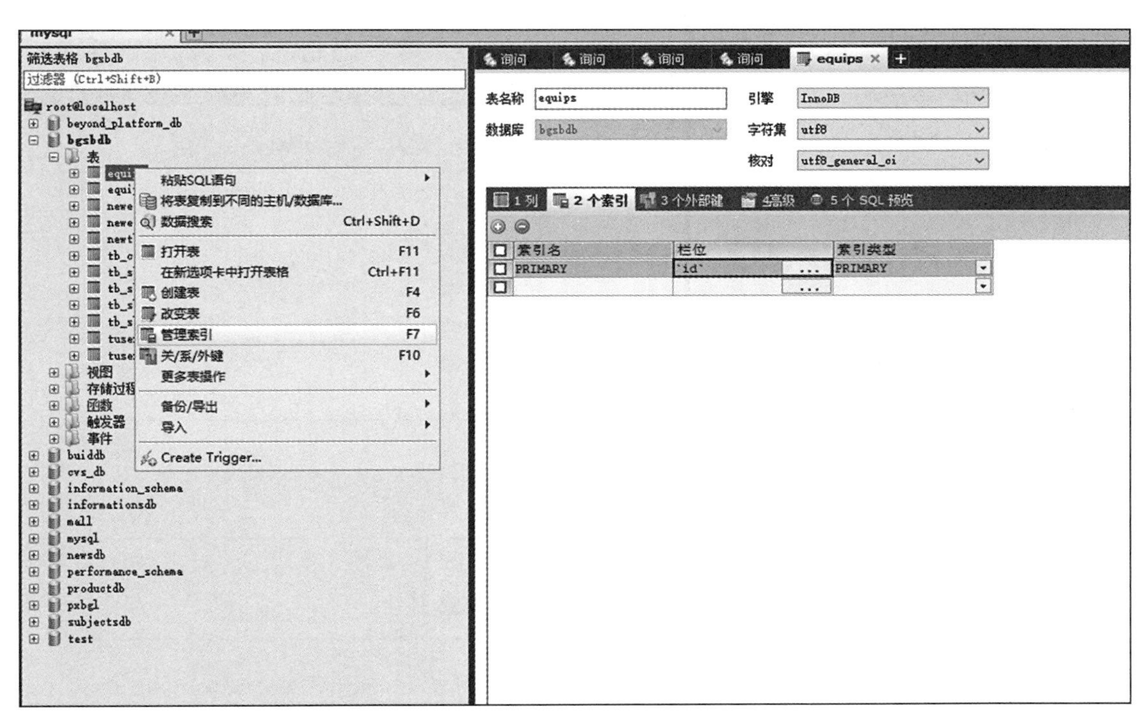

图 7.1 【索引】窗口

知识卡：

当用户在表中创建了主键约束，SQLyog 数据库引擎便自动对该列创建 PRIMARY KEY 约束和聚集索引。

7.1.2 使用 SQLyog 创建非聚集索引

任务描述

由于经常使用设备报修编号（bxid）进行保修，为了提高查询的速度，在数据库 bgsbDB 中创建设备报修编号（bxid）列的非聚集索引。

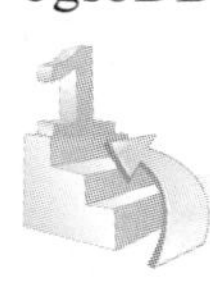

设计过程——使用 SQLyog 创建非聚集索引

（1）在对象资源管理器中展开【bgsbdb】数据库，右击 equips 表，在快捷菜单中选择【管理索引】。

（2）输入要创建的索引名称，选择是否是唯一索引等，如图 7.2 所示。

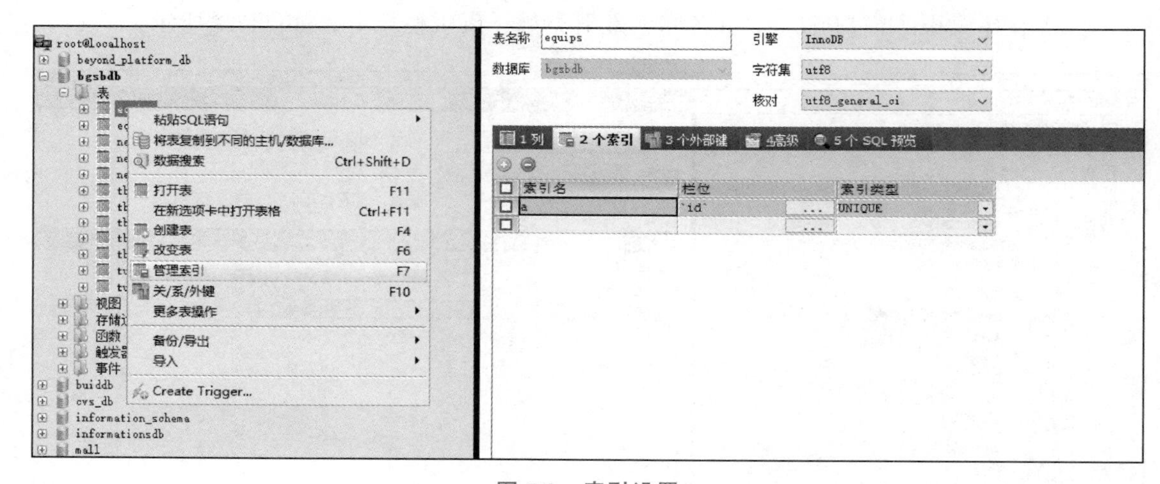

图 7.2 索引设置

知识卡：

在 MySQL 中，除了聚集索引，其余都是非聚集索引。

7.1.3 使用 SQL 语句创建索引

任务描述

由于经常使用用户名（tuname）查询信息，为了提高查询的速度，在数据库 bgsbDB 中创建用户名（tuname）索引。

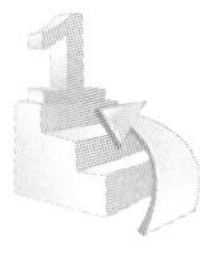

设计过程——使用 SQL 语句创建索引

（1）在新建查询编辑器中执行如下的 SQL 语句。

```
use bgsbDB
CREATE UNIQUE INDEX tnindex ON tuser(tuname)
```

（2）执行结果如图 7.3 所示。

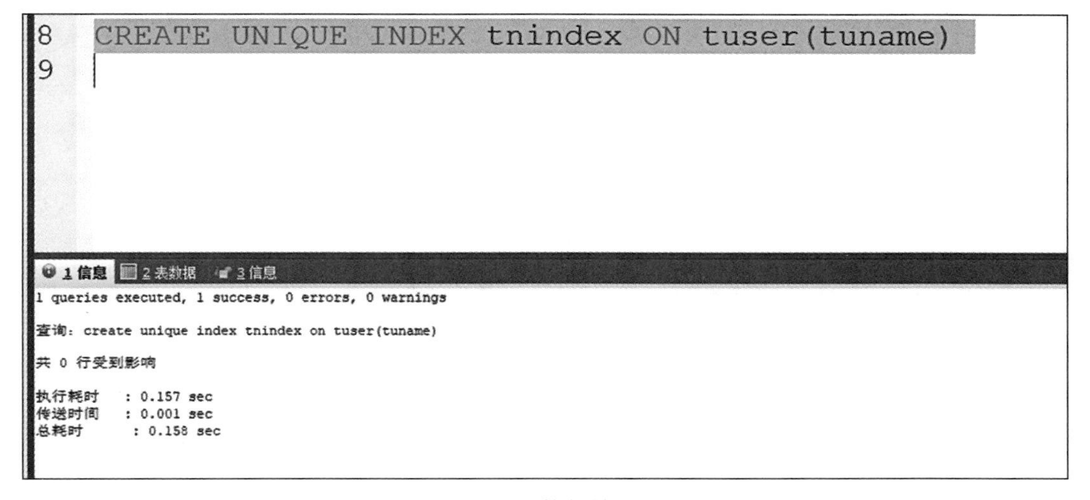

图 7.3　执行结果

知识卡：

创建索引的 SQL 语句是 CREATE INDEX，该语句既可创建聚集索引，也可创建唯一索引、全文索引和空间索引。语句的基本语法如下：

CREATE　[UNIQUE| FULLTEXT| SPATIAL] INDEX 索引名

ON 表名 | < 视图名 >　(列名 [length]......);

Length：指定索引长度，只有字符串类型的才能指定索引长度。

任务描述

由于经常使用设备名（equname）查询信息，为了提高查询的速度，在数据库 bgsbDB 中创建设备名（equname）索引。

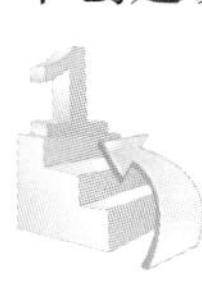

设计过程——使用 SQL 语句创建索引

（1）在新建查询编辑器中执行如下的 SQL 语句。

```
use bgsbDB
CREATE INDEX eqname ON equips(equname)
```

（2）执行结果如图 7.4 所示。

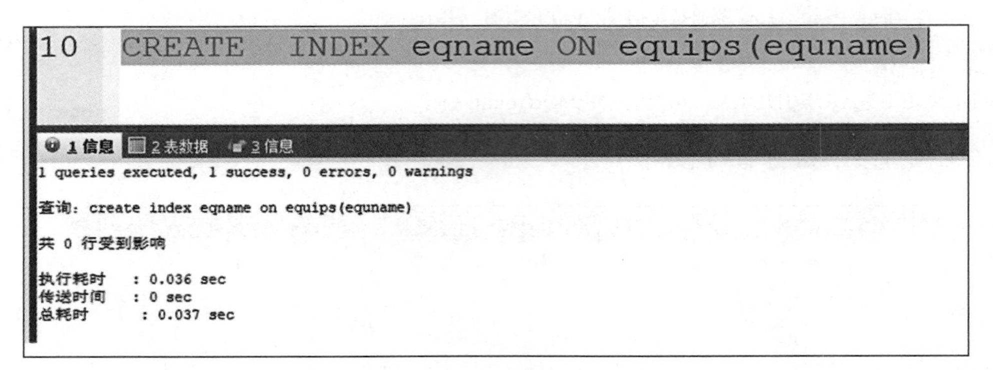

图 7.4　执行结果

7.2　使用 SQLyog 删除独立于约束的索引

任务描述

删除 equips 表的 eqname 索引。

设计过程——使用 SQLyog 删除独立于约束的索引

（1）在新建查询编辑器中执行如下的 SQLyog 语句。

```
DROP INDEX eqname ON equips
```

（2）执行结果如图 7.5 所示。

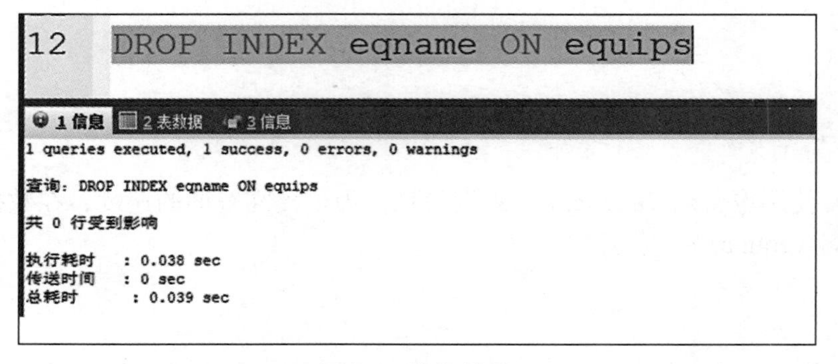

图 7.5　执行结果

知识卡：

用 DROP INDEX 命令能够删除指定表中的索引，基本语法如下：

DROP INDEX 索引名 ON 表名；

思考与练习

一、填空题

1. 在 MySQL 中，常用索引分为六大类，分别是________、________、________、________、________、________。

2. 在一个表中可以定义________个聚集索引，________个非聚集索引。

3. ________索引确保主键中的每个值是非空的、唯一的。

4. 删除索引的命令是________。

二、选择题

1. 某公司有数据库，其中有一个表包含几十万个数据，用户抱怨数据查询速度太慢，下面哪种方法能够最有效地提高查询速度？(　　)

A. 收缩数据库　　B. 换个高档的服务器
C. 减少数据库占用空间　　D. 在该表上建立索引

2. 下列不适合建立索引的选项是（　　）。

A. 用作查询条件的列　　B. 频繁搜索的列
C. 仅包含几个不同值的列　　D. 连接中频繁使用的列

3. 执行下列语句时，创建的是（　　）索引。

CREATE INDEX abc_index ON equips (equname)

A. 唯一　　B. 普通　　C. 全文　　D. 复合

4. 下面关于索引描述中错误的一项是（　　）。

A. 索引可以提高数据查询的速度　　B. 删除索引的命令是 drop index
C. 索引可以降低数据的插入速度　　D. Innodb 存储引擎支持全文索引

三、判断题

1. 建立全文索引和空间索引时，表的存储引擎要为 MyISAM。(　　)

2. 在 MySQL 中，要查看创建的索引的情况，可以使用 SHOW INDEX 命令。(　　)

3. 一个表可以创建若干个聚集索引。(　　)

4. 一个表可以创建若干个非聚集索引。(　　)

四、简答题

1. 删除索引时所对应的数据表会被删除吗？为什么？

2. 引入索引的主要目的是什么？

3. 创建索引的缺点有哪些？

4. 如何查看索引的碎片？

5. 说明在 MySQL 中创建的聚集索引和非聚集索引的区别。

单元 8

办公设备管理系统
数据库中存储过程的应用

工作任务

任务描述	办公设备管理系统数据库中存储过程的应用
工作流程	1. 创建和执行用户存储过程； 2. 管理存储过程
任务成果	7 DELIMITER $$ 8 CREATE PROCEDURE puster() 9 BEGIN 10 SELECT * FROM tuser; 11 END$$ 12 DELIMITER ; 1 信息 2 表数据 3 信息 1 queries executed, 1 success, 0 errors, 0 warnings 查询：CREATE PROCEDURE puster() BEGIN SELECT * FROM tuser; END 共 0 行受到影响 执行耗时 : 0 sec 传送时间 : 1.034 sec 总耗时 : 1.034 sec
知识目标	1. 理解存储过程的作用； 2. 掌握存储过程的基本类型； 3. 掌握创建、删除和修改存储过程的方法； 4. 掌握执行各类存储过程的方法
能力目标	1. 会创建、删除、修改存储过程； 2. 会根据实际需要设计办公设备管理系统数据库中的存储过程； 3. 培养不怕苦、不怕难、勇于挑战的精神

理论知识

一、存储过程的基本概念

在 MySQL 数据库中，数据库对象表是存储和操作数据的逻辑结构，而本单元所要介绍的数据库对象存储过程，则是用于将一组关于表操作的 SQL 语句当作一个整体来执行，是与数据库对象表关联最紧密的数据库对象之一。在数据库系统中，调用存储过程时会执行这些对象中所设置的 SQL 语句组，从而实现相应的功能。

存储过程（Stored Procedure）是在大型数据库系统中的一组为了完成特定功能的 SQL 语句集，它存储在数据库中，一次编译后永久有效，用户通过指定存储过程的名字并给出参数（如果该存储过程带有参数）来执行它。存储过程是数据库中的一个重要对象。在数据量特别庞大的情况下，利用存储过程能大幅度提升效率。

二、为什么使用存储过程

通过前面单元的学习，用户不仅能够编写操作单表的单条 SQL 语句，还能够编写操作多表的单条 SQL 语句。但是针对表的一个完整操作往往不是单条 SQL 语句就可以实现的，而是需要一组 SOL 语句来实现。

例如，为了完成购买商品的订单处理，需要考虑如下情形：

（1）在生成订单信息之前，需要查看库存中是否有相应的商品。

（2）如果库存中存在相应的商品，则需要预定商品以确保该商品不会卖给别人，并且修改库存物品数量以反映正确的库存量。

（3）如果库存中不存在相应的商品，则向供应商订货。

上述操作不是单条 SQL 语句所能实现的，要实现这个完整操作，需要编写针对许多表的多条 SQL 语句。在具体执行过程中，这些 SQL 语句的执行顺序也不是固定的，会根据相应条件而变化。

在具体应用中，一个完整的操作会包含多条 SQL 语句，在执行过程中需要根据前面的 SQL 语句的执行结果有选择地执行后面的 SQL 语句。为此，MySQL 软件提供了数据库对象存储过程。

存储过程就是事先经过编译并存储在数据库中的一段 SQL 语句集合。那么这两个对象与数据库对象存储过程有什么区别呢？

虽然这 3 个数据库对象非常相似，但是存储过程的执行不是由程序调用，也不是由手动启动，而是由事件来触发、激活从而执行的。另外，存储过程的执行，需要手动调用存储过程的名字并需要指定相应的参数。

函数和存储过程有什么区别呢？函数必须有返回值，而存储过程则没有。存储过程的参数类型远远多于函数参数类型。

存储过程的优点如下：

（1）存储过程允许标准组件式编程，提高了 SQL 语句的重用性、共享性和可移植性。

（2）存储过程能够实现较快的执行速度，能够减少网络流量。

（3）存储过程可以被作为一种安全机制来利用。

上述优点可以概述成简单和高性能，不过在具体使用存储过程时，也需要了解这些数据库对象的缺陷，具体如下：

（1）存储过程的编写比单条 SQL 语句复杂，需要用户具有更高的技能和更丰富的经验。

（2）在编写存储过程时，需要创建这些数据库对象的权限。

存储过程的操作包括创建存储过程、查看存储过程、更新存储过程、删除存储过程。

8.1 创建和执行用户存储过程

8.1.1 创建不带参数的存储过程

任务描述

创建一个名为 puster 的存储过程，用于查询用户的信息。

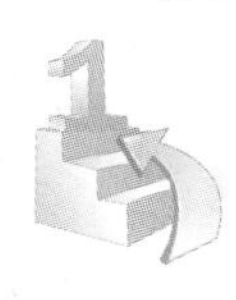

设计过程——创建不带参数的存储过程

由于没有任何指定条件，每次执行存储过程都是查询所有的用户信息，所以属于不带参数的存储过程。

（1）在新建查询编辑器中执行如下的 SQL 语句。

```
use bgsbDB
DELIMITER $$    # 将语句的结束符号从分号 ; 临时改为两个 $$( 可以自定义 )
CREATE PROCEDURE puster()
    BEGIN
    SELECT * FROM tuser;
    END$$
DELIMITER ;# 将语句的结束符号恢复为分号
```

（2）执行结果如图 8.1 所示。

```
 7  DELIMITER $$
 8  CREATE PROCEDURE puster()
 9      BEGIN
10      SELECT * FROM tuser;
11      END$$
12  DELIMITER ;

1 信息  2 表数据  3 信息
1 queries executed, 1 success, 0 errors, 0 warnings

查询: CREATE PROCEDURE puster() BEGIN SELECT * FROM tuser; END

共 0 行受到影响

执行耗时    : 0 sec
传送时间    : 1.034 sec
总耗时      : 1.034 sec
```

图 8.1　执行结果

知识卡：
创建不带参数存储过程的基本语法如下：
使用 CREATE PROCEDURE 语句
CREATE PROCEDURE 存储过程名称 ([指定存储过程的参数列表])
BEGIN
… --BEGIN 跟 END 组成一个代码块，可以写也可以不写，如果存储过程中执行的 SQL 语句比较复杂，用 BEGIN 和 END 会让代码更加整齐，更容易理解
END

8.1.2 执行不带参数的存储过程

任务描述

执行名为 puster 的存储过程。

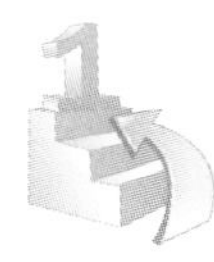
设计过程——执行不带参数的存储过程

存储过程创建成功后，用户可以执行存储过程来检查存储过程的返回结果。
（1）在新建查询编辑器中执行如下的 SQL 语句。

```
CALL puster
```

（2）执行结果如图 8.2 所示。

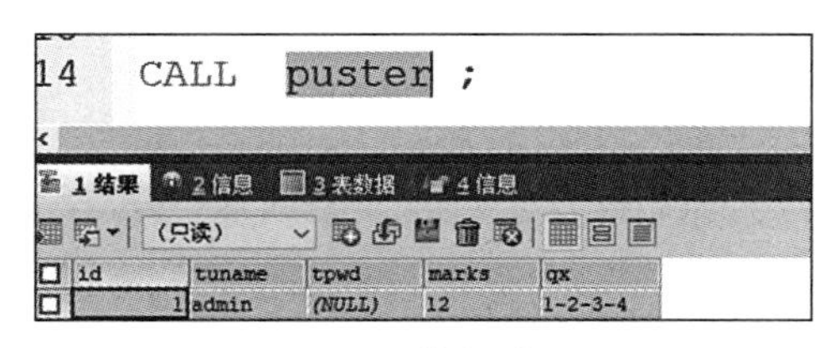

图 8.2 执行结果

知识卡：
执行不带参数的存储过程的基本语法如下：
CALL 存储过程名
推荐创建存储过程的步骤：
第一，实现过程体的功能；
第二，创建存储过程；
第三，验证正确性。

8.1.3 创建带参数的存储过程

任务描述

创建一个存储过程 Pequips，实现根据设备编号获取设备信息的功能。

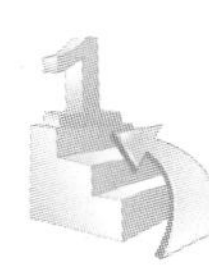

设计过程——创建带参数的存储过程

根据指定的设备编号来获取信息，所以存储过程的参数为 @equid，在查询设备信息时，设备编号为查询的条件。

（1）在新建查询编辑器中执行如下的 SQL 语句。

```
DELIMITER $$
CREATE PROCEDURE Pequips
(
IN equid VARCHAR(30)
)
BEGIN
  SELECT * FROM equips WHERE equid=equid;
END$$
DELIMITER ;
```

（2）执行结果如图 8.3 所示。

```
15  DELIMITER $$
16  CREATE PROCEDURE Pequips
17  (
18  IN equid VARCHAR(30)
19  )
20  BEGIN
21    SELECT * FROM equips WHERE equid=equid;
22  END$$
23  DELIMITER ;
```

```
1 信息   2 表数据   3 信息
1 queries executed, 1 success, 0 errors, 0 warnings

查询: create procedure Pequips ( in equid varchar(30) ) begin SELECT * FROM equips where equid=equid; end

共 0 行受到影响

执行耗时   : 0 sec
传送时间   : 1.009 sec
总耗时     : 1.010 sec
```

图 8.3　执行结果

知识卡：

```
CREATE PROCEDURE 存储过程名字 ()
(
    [IN|OUT|INOUT] 参数 datatype
)
BEGIN
    MySQL 语句;
END;
```

参数：

IN 输入参数：表示调用者向过程传入值（传入值可以是字面量或变量）。

OUT 输出参数：表示过程向调用者传出值（可以返回多个值；传出值只能是变量）。

INOUT 输入输出参数：既表示调用者向过程传入值，又表示过程向调用者传出值（值只能是变量）。

知识卡：

1. MySQL 存储过程参数如果不显式指定"in""out""inout"，则默认为"in"。习惯上，对于是"in"的参数，我们都不会显式指定。

2. MySQL 存储过程名字后面的"()"是必须的，即使没有一个参数，也需要"()"。

存储过程的定义中包含如下两个主要组成部分：

（1）过程名称及其参数的说明：包括所有的输入参数以及传给调用者的输出参数。

（2）过程的主体：也称为过程体，针对数据库的操作语句（SQL 语句），包括调用其他存储过程的语句。

8.1.4　执行带参数的存储过程

任务描述

执行名为 Pequips 的存储过程。

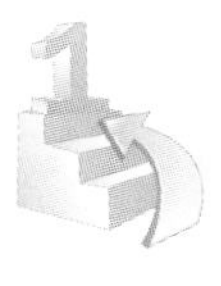

设计过程——执行带参数的存储过程

（1）在新建查询编辑器中执行如下的 SQL 语句。

```
CALL    Pequips('A3')
```

（2）执行结果如图 8.4 所示。

```
26  CALL Pequips('A3')
```

1 结果　2 信息　3 表数据　4 信息

id	equid	equname	Type	Suppliers	Units	valuess	PurDate	departs	options	marks	provids	zydates	bfdates
2	A3	打印机	(NULL)	(NULL)	(NULL)	1456	(NULL)	使用室	(NULL)	(NULL)	(NULL)	(NULL)	(NULL)
3	A4	微机	(NULL)	(NULL)	(NULL)	1234	(NULL)	实验室	(NULL)	(NULL)	(NULL)	(NULL)	(NULL)
4	A5	打印机	(NULL)	(NULL)	(NULL)	9586	(NULL)	使用室	(NULL)	(NULL)	(NULL)	(NULL)	(NULL)
5	A8	微机	(NULL)	(NULL)	(NULL)	5000	(NULL)	实验室	(NULL)	(NULL)	(NULL)	(NULL)	(NULL)
6	A9	微机	(NULL)	(NULL)	(NULL)	10001	(NULL)	实验室	(NULL)	(NULL)	(NULL)	(NULL)	(NULL)
7	N1	笔记本	(NULL)	(NULL)	(NULL)	800	2004/11	测试室	(NULL)	(NULL)	(NULL)	(NULL)	(NULL)
8	N2	笔记本	(NULL)	(NULL)	(NULL)	600	2004/11	实验室	(NULL)	(NULL)	(NULL)	(NULL)	(NULL)
9	(NULL)	照相机	(NULL)	(NULL)	(NULL)	600	2004/12	实验室	(NULL)	(NULL)	(NULL)	(NULL)	(NULL)

图 8.4　执行结果

知识卡：

执行输入参数的存储过程的基本语法如下：

CALL 存储过程名 (参数值 1, 参数值 2……)

8.1.5　创建带输出参数的存储过程

任务描述

设计存储过程，该存储过程带有一个输入参数——设备编号（equid)，一个输出参数——评估价值 @valle。其功能是输入一个设备编号从而获得该编号设备的评估价值。

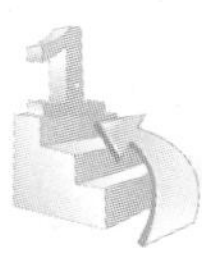

设计过程——创建带输出参数的存储过程

（1）在新建查询编辑器中执行如下的 SQL 语句。

```
# 创建存储过程
DELIMITER $$
CREATE PROCEDURE Pequips11
(
IN equid VARCHAR(10),
OUT valle FLOAT
)
BEGIN
SELECT valuess    FROM equips WHERE equid=equid LIMIT 1 INTO @valle;
SET valle=@valle;
END$$
DELIMITER ;
```

（2）执行结果如图 8.5 所示。

```
 1  #创建存储过程
 2  DELIMITER $$
 3  CREATE PROCEDURE Pequips11
 4  (
 5  IN equid VARCHAR(10),
 6  OUT valle FLOAT
 7  )
 8  BEGIN
 9  SELECT valuess  FROM equips WHERE equid=equid LIMIT 1 INTO @valle;
10  SET valle=@valle;
11  END$$
12  DELIMITER ;
```

图 8.5　执行结果

8.1.6　执行带输出参数的存储过程

任务描述

执行带输出参数的存储过程 Pequips11。

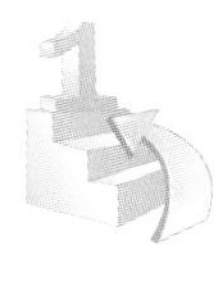

设计过程——执行带输出参数的存储过程

（1）在新建查询编辑器中执行如下的 SQL 语句。

```
use bgsbDB;
# 调用存储过程
CALL Pequips11('A3',@valle);
SELECT @valle;
```

（2）执行结果如图 8.6 所示。

```
13  #调用存储过程
14  CALL Pequips11('A3',@valle);
15  SELECT @valle;
16
```

@valle
1002

图 8.6　执行结果

知识卡：
执行带输出参数的存储过程的基本语法如下：
CALL 存储过程名 (@ 输出参数);
SELECT @ 输出参数 ;

8.2 管理存储过程

8.2.1 查看存储过程的状态

任务描述

查看存储过程 Pequips 的状态。

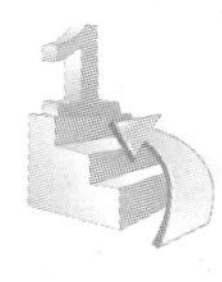

设计过程——查看存储过程状态

（1）在新建查询编辑器中执行如下的 SQL 语句。

```
USE bgsbDB;
# 状态
SHOW PROCEDURE STATUS LIKE 'Pequips';
```

（2）执行结果如图 8.7 所示。

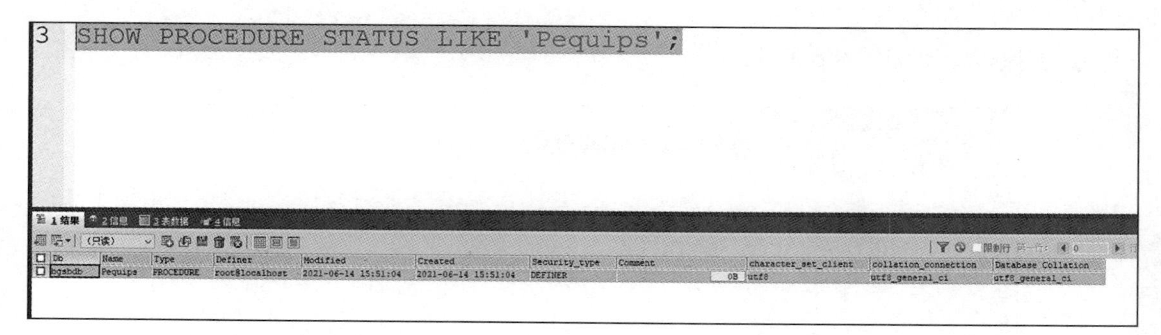

图 8.7　执行结果

知识卡：
SHOW　PROCEDURE STATUS：用来查看存储过程的状态，语法格式如下：
SHOW　PROCEDURE STATUS　LIKE 存储过程名；
LIKE 存储过程名用来匹配存储过程的名称，LIKE 不能省略。

8.2.2 查看存储过程的定义

任务描述

查看存储过程 Pequips 的定义。

设计过程——查看存储过程的定义

（1）在新建查询编辑器中执行如下的 SQL 语句。

```
USE bgsbDB;
# 定义
SHOW CREATE PROCEDURE Pequips;
```

（2）执行结果如图 8.8 所示。

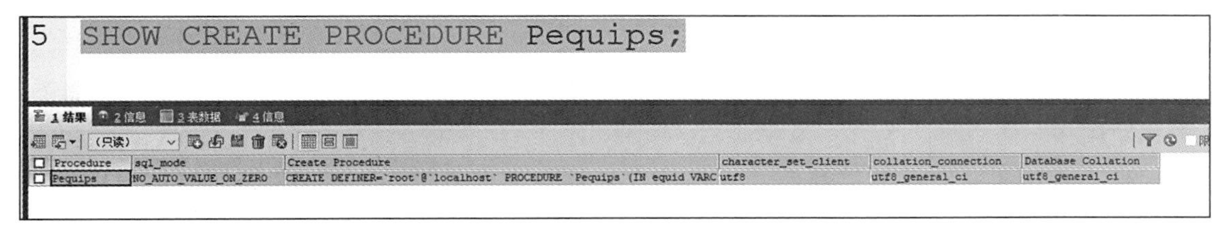

图 8.8 执行结果

知识卡：

SHOW CREATE PROCEDURE：用来查看存储过程的定义，语法格式如下：

SHOW CREATE PROCEDURE 存储过程名;

8.2.3 删除存储过程

任务描述

删除存储过程 Pequips。

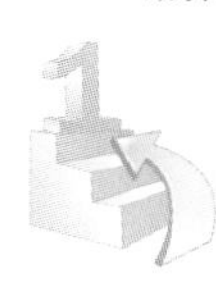

设计过程——删除存储过程

（1）在新建查询编辑器中执行如下的 SQL 语句。

```
USE    bgsbDB;
DROP    PROCEDURE    Pequips;
```

（2）执行结果如图 8.9 所示。

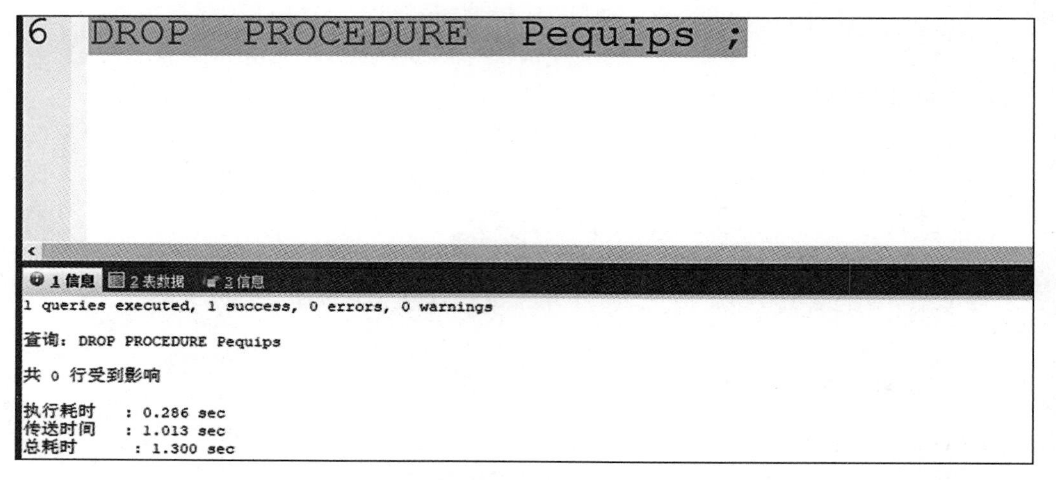

图 8.9　执行结果

知识卡：

当不再使用一个存储过程时，可以把它从数据库中删除。使用 DROP PROCEDURE 语句可永久地删除存储过程。在此之前，必须确认该存储过程没有任何依赖关系。

该语句的基本语法如下：

DROP PROCEDURE　<存储过程名>[;]

8.3　存储过程的应用

8.3.1　创建不带参数的存储过程

任务描述

创建一个名为 Cu 存储过程，用于查询【通恒机械有限公司】的联系人姓名、联系方式，以及该公司的产品订购明细表。

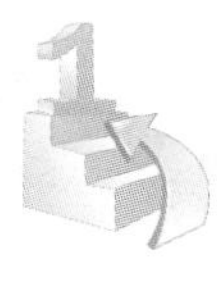

设计过程——创建不带参数的存储过程

（1）在新建查询编辑器中执行如下的 SQL 语句。

```
USE CompanySales ;
DELIMITER $$
CREATE   PROCEDURE   Cu()
BEGIN
SELECT C.CompanyName 公司名称 ,
        P.productName   商品名称 , P.price   单价 ,
        S.sellOrderNumber   订购数量 , S.sellOrderDate 订货日期
FROM customer   AS C   JOIN Sell_order AS S
          ON C.customerID = S.customerID
JOIN   product AS P ON P.productID = S.productID
WHERE   C.CompanyName=' 通恒机械有限公司 ' ;
END$$
DELIMITER ;
```

（2）执行结果如图 8.10 所示。

```
6  DROP   PROCEDURE   Pequips ;
```

1 信息　2 表数据　3 信息

```
1 queries executed, 1 success, 0 errors, 0 warnings

查询: DROP PROCEDURE Pequips

共 0 行受到影响

执行耗时    : 0.286 sec
传送时间    : 1.013 sec
总耗时      : 1.300 sec
```

图 8.10　执行结果

8.3.2　执行不带参数的存储过程

任务描述

执行创建的 Cu 存储过程。

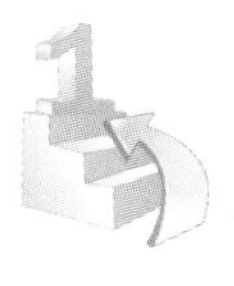

设计过程——执行不带参数的存储过程

（1）在新建查询编辑器中执行如下的 SQL 语句。

```
CALL Cu();
```

（2）执行结果如图 8.11 所示。

```
15  CALL Cu();
```

1 结果　2 信息　3 表数据　4 信息

公司名称	商品名称	单价	订购数量	订货日期
通恒机械有限公司	洗发水	13	300	2021-06-03 16:22:55

图 8.11　执行结果

8.3.3　创建带参数的存储过程

任务描述

创建一个存储过程，实现根据订单号获取该订单的信息的功能。

设计过程——创建带参数的存储过程

（1）在新建查询编辑器中执行如下的 SQL 语句。

```
USE CompanySales;
DELIMITER $$
CREATE PROCEDURE OD(IN OrderID   INT)
BEGIN
SELECT * FROM Sell_Order   WHERE SellOrderId=OrderID;
END$$
DELIMITER ;
```

（2）执行结果如图 8.12 所示。

```
16  DELIMITER $$
17  CREATE PROCEDURE OD(IN OrderID  INT)
18  BEGIN
19  SELECT * FROM Sell_Order  WHERE SellOrderId=OrderID;
20  END$$
21  DELIMITER ;
```

```
1 信息　2 表数据　3 信息
1 queries executed, 1 success, 0 errors, 0 warnings

查询：Create PROCEDURE OD(IN OrderID int) Begin SELECT * FROM Sell_Order WHERE SellOrderId=OrderID; end

共 0 行受到影响

执行耗时   : 0 sec
传送时间   : 1.012 sec
总耗时     : 1.013 sec
```

图 8.12　执行结果

任务描述

在销售管理数据库 CompanySales 中创建一个名为 corder 的存储过程，用于获取指定客户的信息，包括联系人姓名、联系方式以及该公司的产品订购明细表。

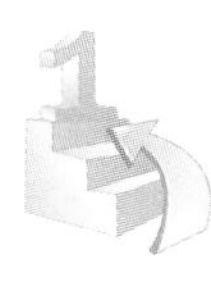

设计过程——创建带参数的存储过程

（1）在新建查询编辑器中执行如下的 SQL 语句。

```
USE CompanySales;
DELIMITER $$
CREATE   PROCEDURE     corder(IN customername    varchar(100))
BEGIN
SELECT c.CompanyName    公司名称 , C.contactName 联系人姓名 ,
            P.productName 商品名称 ,    P.Price 单价 ,
            S.sellOrderNumber 数量 , S.SellOrderDATE 订货日期
FROM customer AS C    JOIN Sell_order AS S
               ON C.customerID = S.customerID
    JOIN    product AS P
               ON S.productID = P.productID
WHERE    c.CompanyName = customername;
END$$
DELIMITER ;
```

（2）执行结果如图 8.13 所示。

```
23  DELIMITER $$
24  CREATE  PROCEDURE  corder(IN customername VARCHAR(100) )
25  BEGIN
26  SELECT c.CompanyName  公司名称, C.contactName 联系人姓名,
            P.productName 商品名称,  P.Price 单价,
28          S.sellOrderNumber 数量, S.SellOrderDATE 订货日期
29  FROM customer AS C  JOIN Sell_order AS S
30           ON C.customerID = S.customerID
31     JOIN  product AS P
32           ON S.productID = P.productID
33  WHERE  c.CompanyName = customername;
34  END$$
35  DELIMITER ;

1 信息  2 表数据  3 信息
1 queries executed, 1 success, 0 errors, 0 warnings

查询: CREATE PROCEDURE corder(in customername VARCHAR(100) ) BEGIN SELECT c.CompanyName 公司名称, C.contactName 联系人姓名, P...

共 0 行受到影响

执行耗时    : 0 sec
传送时间    : 1.015 sec
总耗时      : 1.016 sec
```

图 8.13　执行结果

任务描述

创建名为 lEmployee 的存储过程，在员工表 employee 中查找符合性别和超过指定工资条件的员工的详细信息。

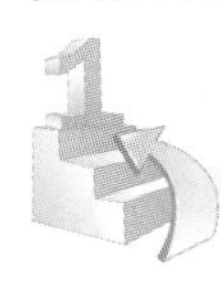

设计过程——创建带参数的存储过程

（1）在新建查询编辑器中执行如下的 SQL 语句。

```
DELIMITER $$
CREATE   PROCEDURE   listEmployee
(
IN sexx VARCHAR(10),
IN salaryy FLOAT
)
BEGIN
SELECT *
FROM employee
WHERE sex=sexx AND salary>salaryy ;
END$$
DELIMITER ;
```

（2）执行结果如图 8.14 所示。

```
 5   DELIMITER $$
 6   CREATE   PROCEDURE   listEmployee
 7   (
 8   IN sexx VARCHAR(10),
 9   IN salaryy FLOAT
10   )
11   BEGIN
12   SELECT *
13   FROM employee
14   WHERE sex=sexx AND salary>salaryy ;
15   END$$
16   DELIMITER ;
17
```

1 信息　2 表数据　3 信息

```
1 queries executed, 1 success, 0 errors, 0 warnings

查询: CREATE PROCEDURE listEmployee ( IN sexx VARCHAR(10), IN salaryy FLOAT ) BEGIN SELECT * FROM employee WHERE sex=sexx A

共 0 行受到影响

执行耗时    : 0 sec
传送时间    : 1.019 sec
总耗时      : 1.020 sec
```

图 8.14　执行结果

8.3.4 执行输入参数的存储过程

任务描述

使用创建的存储过程 corder 获取“三川实业有限公司”的信息，包括联系人姓名、联系方式以及该公司的产品订购明细表。

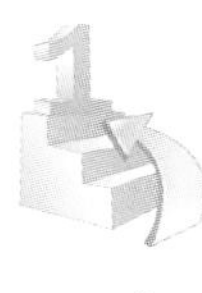

设计过程——执行输入参数的存储过程

（1）在新建查询编辑器中执行如下的 SQL 语句。

```
CALL corder('三川实业有限公司');
```

（2）执行结果如图 8.15 所示。

```
52 CALL corder('三川实业有限公司')
53
```

1 结果　2 信息　3 表数据　4 信息

公司名称	联系人姓名	商品名称	单价	数量	订货日期
三川实业有限公司	李四	键盘	170	20	2021-06-14 16:41:40
三川实业有限公司	李四	洗发水	13	20	2021-06-08 16:41:47

图 8.15　执行结果

任务描述

利用存储过程 lEmployee 查找工资超过 4 000 元的男员工和工资超过 3 000 元的女员工的详细信息。

设计过程——执行输入参数的存储过程

（1）在新建查询编辑器中执行如下的 SQL 语句。

```
CALL listEmployee('女',3000);
CALL listEmployee('男',4000);
```

（2）执行结果如图 8.16 所示。

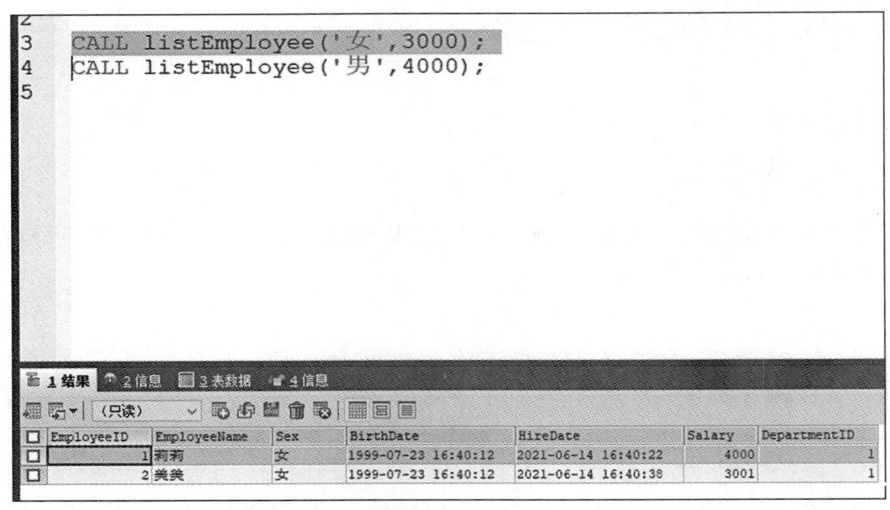

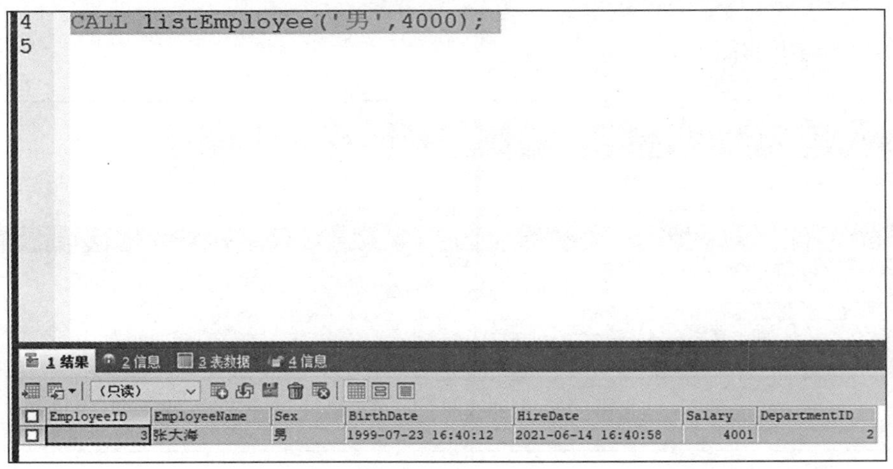

图 8.16 执行结果

任务描述

按位置传递执行存储过程 lEmployee，查找工资超过 4 000 元的男员工和工资超过 3 000 元的女员工的详细信息。

设计过程——执行输入参数的存储过程

（1）在新建查询编辑器中执行如下的 SQL 语句。

```
CALL listEmployee(' 女 ',3000);
CALL listEmployee(' 男 ',4000);
```

（2）执行结果如图 8.17 所示。

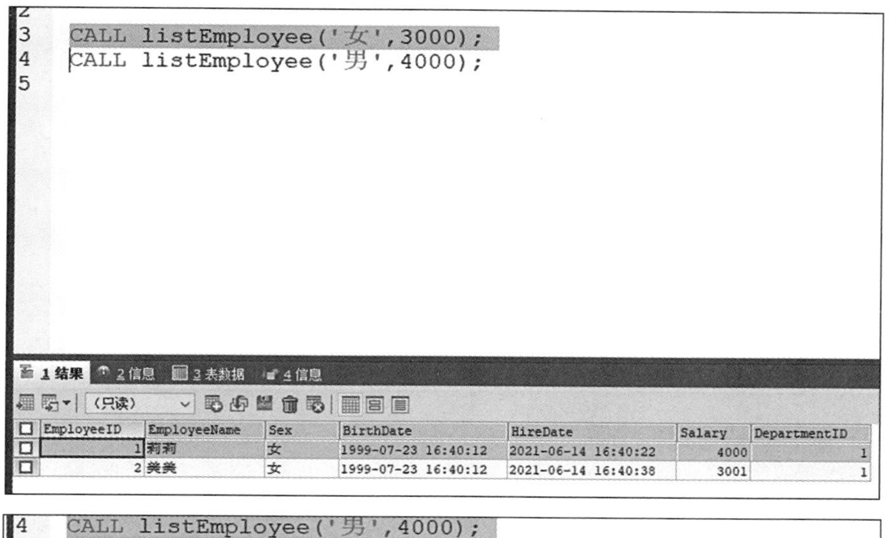

EmployeeID	EmployeeName	Sex	BirthDate	HireDate	Salary	DepartmentID
1	莉莉	女	1999-07-23 16:40:12	2021-06-14 16:40:22	4000	1
2	美美	女	1999-07-23 16:40:12	2021-06-14 16:40:38	3001	1

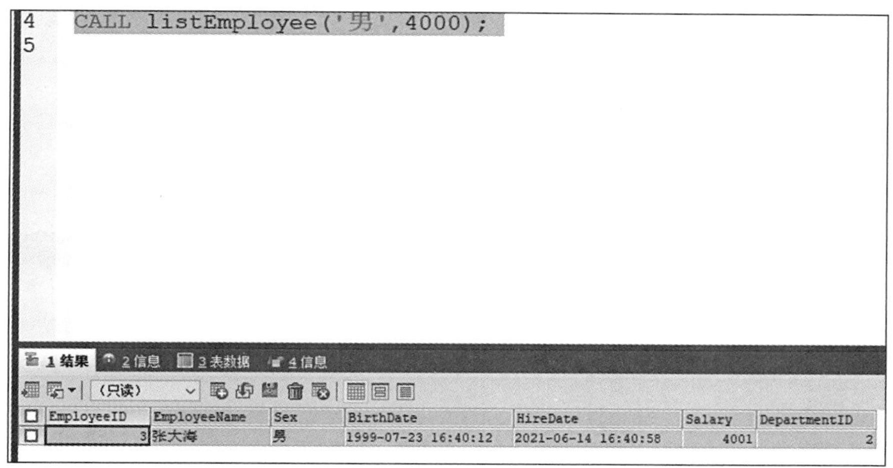

EmployeeID	EmployeeName	Sex	BirthDate	HireDate	Salary	DepartmentID
3	张大海	男	1999-07-23 16:40:12	2021-06-14 16:40:58	4001	2

图 8.17 执行结果

8.3.5 创建带输出参数的存储过程

任务描述

创建带返回参数的存储过程，求两个整数的和。

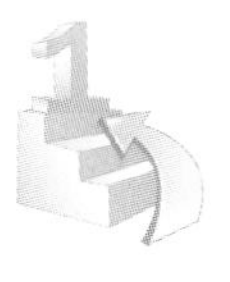

设计过程——创建带输出参数的存储过程

(1) 在新建查询编辑器中执行如下的 SQL 语句。

```
USE CompanySales;
DELIMITER$$
```

```
CREATE PROCEDURE PSUM(
IN N1 INT,
IN N2 INT,
INOUT RESULT INT
)
BEGIN
SET RESULT =N1+N2;
END$$
DELIMITER ;
```

（2）执行结果如图 8.18 所示。

```
7   DELIMITER$$
8   CREATE PROCEDURE PSUM(
9   IN N1 INT,
10  IN N2 INT,
11  INOUT RESULT INT
12  )
13  BEGIN
14  SET RESULT =N1+N2;
15  END$$
16  DELIMITER ;
17
```

```
1 信息   2 表数据   3 信息
1 queries executed, 1 success, 0 errors, 0 warnings

查询: CREATE PROCEDURE PSUM( in N1 int, In N2 int, inout RESULT int ) begin SET RESULT =N1+N2; end

共 0 行受到影响

执行耗时   : 0 sec
传送时间   : 1.045 sec
总耗时     : 1.045 sec
```

图 8.18　执行结果

8.3.6　执行带输出参数的存储过程

任务描述

执行创建的 PSUM 存储过程。

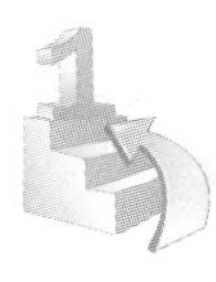

设计过程——执行带输出参数的存储过程

（1）在新建查询编辑器中执行如下的 SQL 语句。

```
CALL PSUM(20,40,@RESULT);
SELECT @RESULT;
```

（2）执行结果如图 8.19 所示。

```
16    CALL PSUM(20,40,@RESULT);
17    SELECT @RESULT
```

@RESULT
60

图 8.19　执行结果

8.3.7　操作表的存储过程

任务描述

在商品表中，创建指定商品编号的删除操作的存储过程。

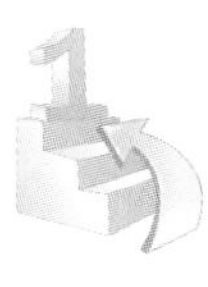

设计过程——操作表的存储过程

（1）在新建查询编辑器中执行如下的 SQL 语句。

```
USE CompanySales;
DELIMITER $$
CREATE   PROCEDURE   dproduct
(
IN proId INT
)
BEGIN
DELETE FROM product
WHERE ProductID=proId;
END$$
DELIMITER ;
```

（2）执行结果如图 8.20 所示。

```
19  DELIMITER $$
20  CREATE  PROCEDURE  dproduct(
21  IN proId INT
22  )
23  BEGIN
24  DELETE FROM product
25  WHERE ProductID=proId;
26  END$$
27  DELIMITER ;
28
```

```
1 信息   2 表数据   3 信息
1 queries executed, 1 success, 0 errors, 0 warnings

查询: CREATE PROCEDURE dproduct( in proId int ) begin DELETE FROM product WHERE ProductID=proId; END

共 0 行受到影响

执行耗时    : 0 sec
传送时间    : 1.047 sec
总耗时      : 1.047 sec
```

图 8.20　执行结果

任务描述

在商品表中，创建指定编号的商品增加销售量的存储过程。

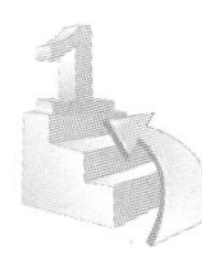

设计过程——操作表的存储过程

（1）在新建查询编辑器中执行如下的 SQL 语句。

```
USE CompanySales;
DELIMITER $$
CREATE  PROCEDURE  uproduct
(
IN proId  INT,
IN number INT
)
BEGIN
UPDATE product
SET  ProductSellNumber=ProductSellNumber+number
WHERE  ProductID=proId;
END$$
DELIMITER ;
```

（2）执行结果如图 8.21 所示。

```
29  DELIMITER $$
30  CREATE  PROCEDURE  uproduct
31  (
32  IN proId  INT,
33  IN number INT
34  )
35  BEGIN
36  UPDATE product
37  SET  ProductSellNumber=ProductSellNumber+number
38  WHERE  ProductID=proId;
39  END$$
40  DELIMITER ;
41
```

```
1 信息   2 表数据   3 信息
1 queries executed, 1 success, 0 errors, 0 warnings

查询: CREATE PROCEDURE uproduct ( in proId int, in number int ) begin UPDATE product SET ProductSellNumber=ProductSellNumber+num

共 0 行受到影响

执行耗时    : 0 sec
传送时间    : 1.042 sec
总耗时      : 1.042 sec
```

图 8.21　执行结果

任务描述

执行存储过程 uproduct。

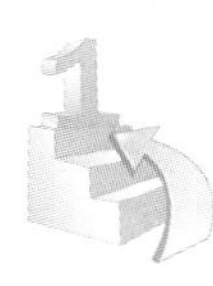

设计过程——操作表的存储过程

（1）在新建查询编辑器中执行如下的 SQL 语句。

```
USE CompanySales;
CALL uproduct(1,1);
select * from product;
```

（2）执行结果如图 8.22 所示。

```
42  CALL uproduct(1,1)
43
44  SELECT * FROM product
```

1 结果　2 个配置文件　3 信息　4 表数据　5 信息

（只读）

productID	productName	price	ProductSellNumber
1	洗发水	13	101
2	键盘	170	100
3	鼠标	150	100

图 8.22　执行结果

思考与练习

一、填空题

1. 在 MySQL 中，创建存储过程使用________关键字。
2. 在 MySql 中，用户可以使用________语言编写存储过程。
3. 如果在存储过程中定义了输出参数，则必须使用关键字________说明。

二、选择题

1. 可以使用（　　）命令查看存储过程的定义。
   A. SHOW CREATE PROCEDURE　　B. SHOW
   C. SHOW PROCEDURE STATUS　　D. SHOW PROCEDURE
2. 删除存储过程使用（　　）命令。
   A. DROP　　B. DELETE　　C. DESC　　D. UPDATE
3. 在存储过程中定义了输入输出参数，使用（　　）关键字实现。
   A. IN　　B. INOUT　　C. OUTIN　　D. OUT
4. 下列哪个命令可以查看存储过程的状态？(　　)
   A. ALTER PROCEDURE　　B. SHOW PROCEDURE STATUS
   C. CREATE DEFAULT　　D. CREATE RULE

三、判断题

1. 定义不带参数的存储过程，可以省略存储过程名称后面的小括号。(　　)
2. 创建存储过程的命令的关键字是 CREATE PROCEDURE。(　　)

四、简答题

1. 简述存储过程的优点。
2. 简述存储过程的缺点
3. 存储函数与存储过程之间存在哪些区别？

单元 9

办公设备管理系统数据库中触发器的应用

工作任务

<table>
<tr><td>任务描述</td><td>办公设备管理系统数据库中触发器的应用</td></tr>
<tr><td>工作流程</td><td>1. 创建和测试触发器；
2. 管理触发器</td></tr>
<tr><td>任务成果</td><td>2 INSERT INTO equips(equid,equname)
3 VALUES ('A111','计算机');
4 DELIMITER $$
5 CREATE
6 TRIGGER remind AFTER INSERT
7 ON equips
8 FOR EACH ROW BEGIN
9 SELECT '插入一条测试数据' INTO @equips_test;
0 END$$
1 DELIMITER ;
2

1 信息 2 表数据 3 信息
queries executed, 2 success, 0 errors, 0 warnings

询: INSERT INTO equips(equid,equname) VALUES ('A111','计算机')

1 行受到影响

行耗时 : 0.032 sec
送时间 : 0 sec
耗时 : 0.032 sec

询: CREATE TRIGGER remind AFTER INSERT ON equips FOR EACH ROW BEGIN SELECT '插入一条测试数据' into @equips_test; END

0 行受到影响

行耗时 : 0.004 sec
送时间 : 1.044 sec
耗时 : 1.049 sec</td></tr>
</table>

续表

知识目标	1. 理解触发器的作用； 2. 掌握触发器的基本类型； 3. 掌握创建、删除和修改触发器的方法； 4. 掌握测试各类触发器的方法
能力目标	1. 会创建、删除、修改触发器； 2. 会根据实际需要设计办公设备管理系统数据库中的触发器； 3. 培养创新思维和拓展学习的能力

理论知识

一、触发器的基本概念

在 MySQL 数据库中，数据库对象表是存储和操作数据的逻辑结构，而本单元所要介绍的数据库对象触发器则是用来实现由一些表事件触发的某个操作，是与数据库对象表关联最紧密的数据库对象之一。在数据库系统中，执行表事件时会激活触发器，从而执行其包含的操作。

触发器（trigger）是程序员和数据分析员保证数据完整性的一种功能，它是与表事件相关的特殊的存储过程，它的执行不是由程序调用，也不是由手工启动，而是由事件来触发，比如对一个表进行操作（insert，delete，update）时就会将其激活。触发器经常用于加强数据的完整性约束和业务规则等。触发器可以从 DBA_TRIGGERS、USER_TRIGGERS 数据字典中查到。SQL 中的触发器是一个能由系统自动执行的对数据库修改的语句。

触发器可以查询其他表，且可以包含复杂的 SQL 语句。它们主要用于强制服从复杂的业务规则或要求。例如：可以根据客户当前的账户状态，控制是否允许插入新订单。

触发器也可用于强制引用完整性，以便在多个表中添加、更新或删除行时，保留在这些表之间所定义的关系。然而，强制引用完整性的最好方法是在相关表中定义主键和外键约束。如果使用数据库关系图，则可以在表之间创建关系以自动创建外键约束。

触发器与存储过程的唯一区别是触发器不能执行 EXECUTE 语句调用，而是在用户执行 Transact-SQL 语句时自动触发执行。

二、为什么使用触发器

为什么要使用数据库对象触发器呢？在具体开发项目时，经常会遇到如下情况：

- 在学生表中拥有字段学生名字、学生总数，每当添加一条关于学生的记录时，学生的总数就必须同时改变。
- 在顾客信息表中拥有字段顾客名字、顾客电话、顾客地址缩写，每当添加一条关于顾客的记录时，都需要检查电话号码格式是否正确，顾客地址缩写是否正确。

上述实例虽然所需实现的业务的逻辑不同，但是它们有一个共同之处，即都需要在表发生更改时自动进行一些处理。这时就可以使用触发器来处理数据库对象。例如，对于第一种情况，可以创建一个触发器对象，每次添加一条学生记录时，就执行一次计算学生总数的操作，这样就可以保证每次添加一条学生记录后，学生总数与学生记录数一致。MySQL 软件在触发如下语句时会自动执行所设置的操作：

- DELETE 语句。
- INSERT 语句。
- UPDATE 语句。

其他 SOL 语句则不会激活触发器。在具体应用中，之所以会经常使用触发器数据库对象，是由于该对象能够加强数据库表中数据的完整性约束和业务规则等。

触发器的操作包含创建触发器、查看触发器和删除触发器，这些操作是数据库管理中最基本、最重要的操作。

9.1 创建和测试触发器

9.1.1 创建 INSERT 触发器

任务描述

创建名为 reminder 的触发器，当用户向 equips 表中插入一条部门记录时，向客户端发送一条提示消息“插入一条记录！”。

设计过程——创建 INSERT 触发器

（1）在新建查询编辑器中执行如下的 SQL 语句。

```
测试触发器
INSERT   INTO equips(equid,equname)
VALUES ('A111',' 计算机 ');
创建触发器
DELIMITER $$
CREATE
TRIGGER remind AFTER INSERT
ON equips
FOR EACH ROW BEGIN
SELECT ' 插入一条测试数据 ' INTO   @equips_test;
END$$
DELIMITER ;
# 触发器不能出现 SELECT 形式的查询 ，因为其会返回一个结果集 ，但可以用 SELECT INTO 来设置变量
```

（2）执行结果如图 9.1 所示。

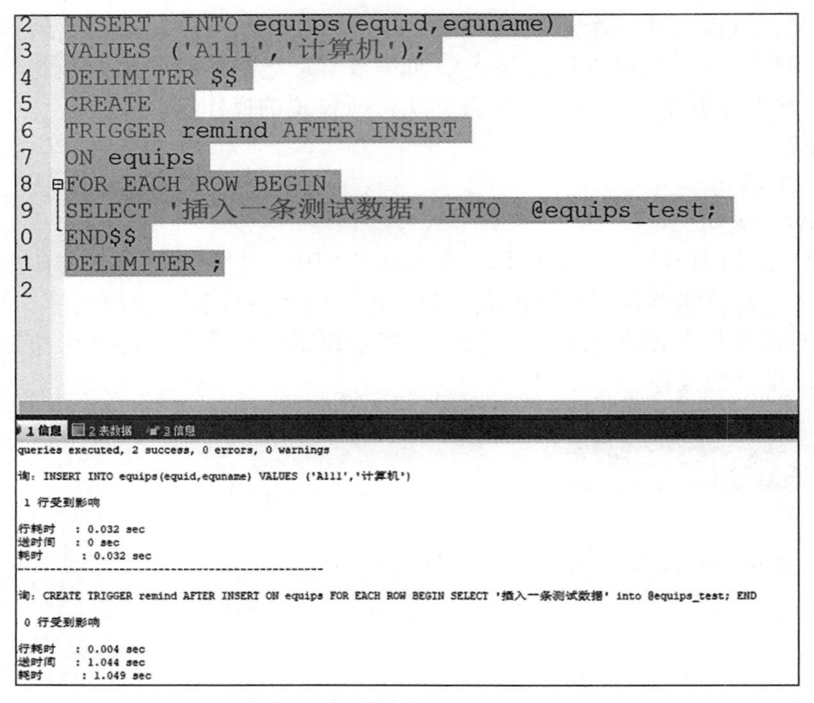

图 9.1　执行结果

知识卡：

创建触发器的语法格式如下：

DELIMITER $$
CREATE TRIGGER 触发器名
AFTER/BEFORE INSERT/UPDATE/DELETE
ON 触发器所在的表
FOR EACH ROW　--mysql 中的固定语句
BEGIN
....trigger_statement....
END$$
DELIMITER ;

参数说明：

INSERT/UPDATE/DELETE：触发的事件。

BEFORE：事件之前触发。

AFTER：事件之后触发。

#BEGIN　END 之间处理多条 SQL 语句时，多个语句之间用 ; 隔开。

trigger_statement：触发器被触发之后，所执行的数据库操作逻辑，可以为单一的数据库操作，或者一系列数据库操作集合，也可以包含一些判断等处理逻辑。

INSERT 触发器通常被用来验证被触发器监控的字段中的数据是否满足要求，以确保数据完整性。

9.1.2 创建 DELETE 触发器

任务描述

在 equips 表上创建一个名为 deleted 的触发器。其功能为：当对 equips 表进行删除操作时，显示无法删除的信息。

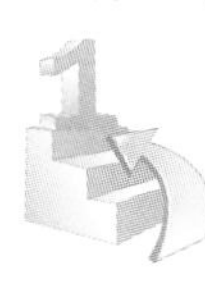

设计过程——创建 DELETE 触发器

（1）在新建查询编辑器中执行如下的 SQL 语句。

```
测试触发器
DELETE FROM equips WHERE equid='A111';
创建触发器
DELIMITER $$
CREATE TRIGGER deleted
AFTER DELETE ON    equips
FOR EACH ROW
BEGIN
SELECT ' 此为设备编号 , 无法删除记录 ' INTO @equips_test;
END$$
DELIMITER ;
```

（2）执行结果如图 9.2 所示。

```
14  测试触发器
15  DELETE FROM equips WHERE equid='A111';
16  创建触发器
17  DELIMITER $$
18  CREATE TRIGGER deleted
19  AFTER DELETE ON   equips
20  FOR EACH ROW
21  BEGIN
22  SELECT '此为设备编号,无法删除记录' INTO @equips_test;
23  END$$
24  DELIMITER ;
25
26

1 信息  2 表数据  3 信息
2 queries executed, 2 success, 0 errors, 0 warnings

查询: DELETE FROM equips WHERE equid='A111'

共 0 行受到影响

执行耗时   : 0 sec
传送时间   : 0 sec
总耗时      : 0 sec
--------------------------------------------------

查询: CREATE TRIGGER deleted AFTER delete ON equips FOR EACH ROW BEGIN SELECT '此为设备编号,无法删除记录' INTO @equips_tes...

共 0 行受到影响

执行耗时   : 0.033 sec
传送时间   : 1.035 sec
总耗时      : 1.069 sec
```

图 9.2 执行结果

9.1.3 创建 UPDATE 触发器

任务描述

创建一个修改触发器，防止用户修改 equips 表的设备编号。

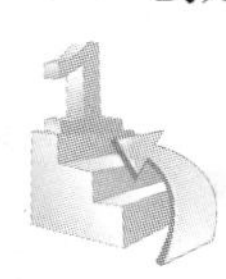

设计过程——创建 UPDATE 触发器

（1）在新建查询编辑器中执行如下的 SQL 语句。

```
# 测试触发器
UPDATE    equips    SET equid='B1' WHERE equid='A111';
# 创建触发器
DELIMITER $$
CREATE TRIGGER equips_Update
AFTER UPDATE ON    equips
FOR EACH ROW
BEGIN
SELECT '禁止修改设备编号' INTO @equips_test;
END$$
DELIMITER ;
```

（2）执行结果如图 9.3 所示。

```
39  #测试触发器
40  UPDATE   equips    SET equid='B1' WHERE equid='A111';
41  #创建触发器
42  DELIMITER $$
43  CREATE TRIGGER equips_Update
44  AFTER UPDATE ON   equips
45  FOR EACH ROW
46  BEGIN
47  SELECT '禁止修改设备编号' INTO @equips_test;
48  END$$
49  DELIMITER ;
```

```
1 信息  2 表数据  3 信息
2 queries executed, 2 success, 0 errors, 0 warnings

查询: UPDATE equips SET equid='B1' WHERE equid='A111'

共 0 行受到影响

执行耗时   : 0.001 sec
传送时间   : 0 sec
总耗时     : 0.002 sec
--------------------------------------------------

查询: CREATE TRIGGER equips_Update AFTER UPDATE ON equips FOR EACH ROW BEGIN SELECT '禁止修改设备编号' into @equips_test; END

共 0 行受到影响

执行耗时   : 0.034 sec
传送时间   : 1.041 sec
总耗时     : 1.076 sec
```

图 9.3 执行结果

9.1.4 触发器总结

对于 InnoDB 事务型的存储引擎，如果 SQL 语句执行错误，或者触发器执行错误，会发生以下几点情况：

（1）如果触发器或者 SQL 语句执行过程中出现错误，则会发生事务的回滚。

（2）如果 SQL 语句执行失败，则 AFTER 类型的触发器不会执行。

（3）如果 AFTER 类型的触发器执行失败，则触发此触发器的 SQL 语句将会回滚。

（4）如果 BEFORE 类型的触发器执行失败，则触发此触发程序的 SQL 语句将会执行失败。

DML 触发器的优缺点如下：

（1）优点：可以方便且高效地维护数据。

（2）缺点：1）高并发场景下容易导致死锁，拖死数据库，成为数据库瓶颈，故高并发场景下一定要慎用；2）触发器比较多的时候不容易迁移，而且表之间的数据导入和导出时可能会导致无意中触发某个触发器，造成数据错误，故在数据量比较大，而且数据库模型非常复杂的情况下慎用。

9.2 管理触发器

9.2.1 查看触发器的信息

任务描述

查看 equips_Update 触发器的信息。

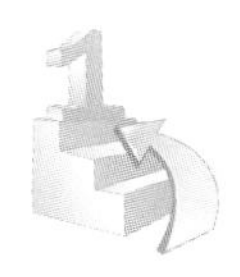

设计过程——查看触发器的信息

（1）在新建查询编辑器中执行如下的 SQL 语句。

```
# 在 MySQL 中，所有触发器的信息都存在 information_schema 数据库的 triggers 表中，# 可以通过查询命令 SELECT 来查看某个触发器
SELECT * FROM information_schema.triggers WHERE trigger_name= 'equips_Update';
```

（2）执行结果如图 9.4 所示。

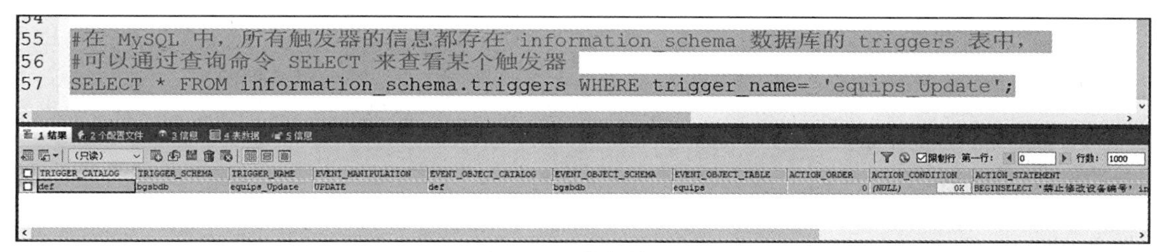

图 9.4 执行结果

知识卡：

要查看某张表的所有触发器，可以使用命令 SHOW TRIGGERS;。

9.2.2 查看触发器的源代码

任务描述

查看 equips_Update 触发器的源代码。

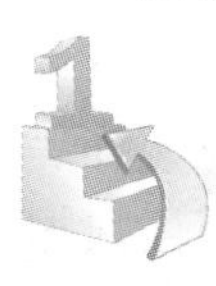

设计过程——查看触发器的源代码

（1）选中当前触发器所在的位置，右击，在快捷菜单中选择【改变触发器】，即可在展开的窗口中看见代码。

（2）执行结果如图 9.5 所示。

```
1  DELIMITER $$
2
3  USE `bgsbdb`$$
4
5  DROP TRIGGER /*!50032 IF EXISTS */ `equips_Update`$$
6
7  CREATE
8      /*!50017 DEFINER = 'root'@'localhost' */
9      TRIGGER `equips_Update` AFTER UPDATE ON `equips`
10     FOR EACH ROW BEGIN
11 SELECT '禁止修改设备编号' INTO @equips_test;
12 END;
13 $$
14
15 DELIMITER ;
```

图 9.5　执行结果

9.2.3 删除触发器

任务描述

删除 remind 触发器。

设计过程——删除触发器

（1）在新建查询编辑器中执行如下的 SQL 语句。

```
DROP TRIGGER remind
```

（2）执行结果如图 9.6 所示。

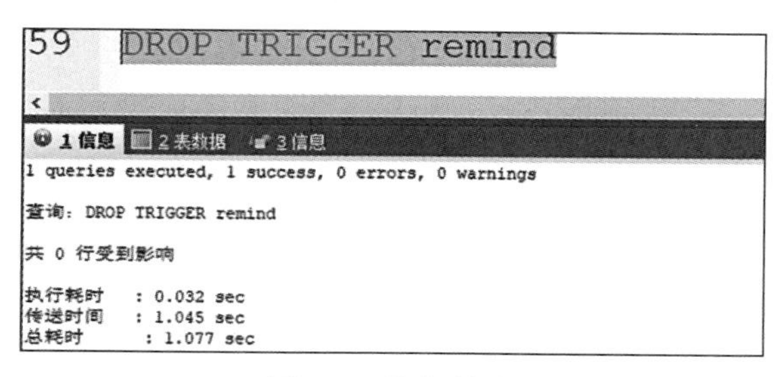

图 9.6 执行结果

知识卡：

DROP TRIGGER 命令的语法格式如下：

DROP TRIGGER [IF EXISTS] [数据库名] < 触发器名 >;

数据库名若不指定，则默认选择当前的数据库。

9.2.4 禁用触发器

任务描述

使用代码禁用 equips 表上的 equips_Update 触发器。

设计过程——禁用触发器

（1）在新建查询编辑器中执行如下的 SQL 语句。

```
SET @equips_Update=0;
```

（2）执行结果如图 9.7 所示。

```
63    SET @equips_Update = 0;

1 信息   2 表数据   3 信息
1 queries executed, 1 success, 0 errors, 0 warnings

查询：SET @equips_Update = 0

共 0 行受到影响

执行耗时    : 0 sec
传送时间    : 0 sec
总耗时      : 0 sec
```

图 9.7 执行结果

知识卡：

当不再需要某个触发器时，可将其禁用或删除。语法格式如下：

SET @ 触发器名称 =0;

9.2.5　启用触发器

任务描述

使用代码启用 employee 表上的 employee_update 触发器。

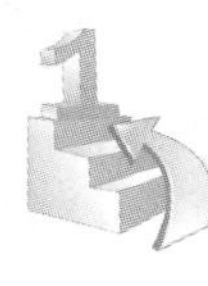

设计过程——启用触发器

（1）在新建查询编辑器中执行如下的 SQL 语句。

```
SET @employee_update=1;
```

（2）执行结果如图 9.8 所示。

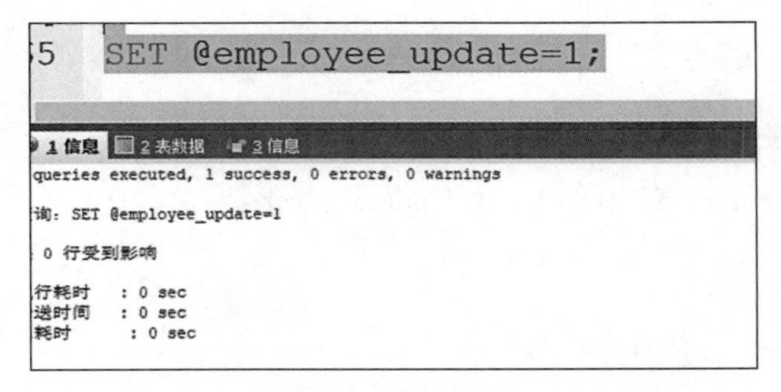

图 9.8　执行结果

知识卡：

启用触发器的语法格式如下：

SET @ 触发器名称 =1;

思考与练习

一、填空题

1. 在 MySQL 中，触发器类型为________。

2. 可以使用________来查看某张表下的所有触发器。

二、选择题

1. 在 MySQL 中共有（　　）种触发器。

A. 6　　B. 3　　C. 1　　D. 2

2. 创建触发器使用（　　）命令。

A. CREATE TRIGGER　　B. SHOW TRIGGER
C. DESC TRIGGER　　D. DROP TRIGGER

3. 创建 UPDATE 触发器应使用（　　）命令。

A. AFTER DELETE　　B. AFTER INSERT
C. BEFORE DELETE　　D. AFTER UPDATE

4. 删除触发器应使用（　　）命令。

A. DROP TRIGGER　　B. RESTORE TRIGGER
C. INSERT TRIGGER　　D. ALTER TRIGGER

三、判断题

1. 若 AFTER 类型的触发器执行失败，则触发此触发器的 SQL 语句将会回滚。(　　)
2. DELETE 触发器只有 AFTER DELETE。(　　)
3. 触发器只能通过 SQL 语句创建。(　　)
4. 可以定义 AFTER 和 BEFORE 类型的 UPDATE 触发器。(　　)

四、简答题

1. 简述触发器与存储过程的主要区别。
2. MySQL 触发器在禁用之后还可以再启动吗？

单元 10

办公设备管理系统数据库中的安全性应用

工作任务

任务描述	办公设备管理系统数据库中的安全性应用
工作流程	1. 办公设备管理系统中登录名的设置； 2. 管理办公设备管理系统的用户； 3. 办公设备管理系统角色权限的设置
任务成果	
知识目标	1. 理解 MySQL 的安全机制； 2. 掌握创建登录账户和数据库用户的方法； 3. 了解服务器角色的作用； 4. 掌握对数据库中的对象赋予权限的方法
能力目标	1. 会创建、删除、修改登录名、用户名和角色； 2. 会根据实际需要设计办公设备管理系统数据库中的架构和权限； 3. 培养良好的学习习惯和独立思考的能力

理论知识

MySQL 软件中通常包含许多重要的数据，为了确保这些数据的安全性和完整性，软件专门提供了一套完整的安全性机制，即通过为 MySQL 用户赋予适当的权限来提高数据的安全性。

MySQL 软件主要服务于两种用户：root 用户和普通用户，前者为超级管理员，拥有 MySQL 软件提供的一切权限；而普通用户则只能拥有创建用户时所赋予的权限。

用户应该对所需的数据具有适当的访问权限，即用户不能对过多的数据库对象具有过多的访问权，这是 MySQL 软件的安全基础。用户管理机制包括登录和退出 MySQL 服务器、创建用户、删除用户、修改用户密码和为用户赋权限等内容。

为了进行权限管理，MySQL 软件在数据库 mysql 的 user 表中存储了各种类型的权限。权限管理是指登录到 MySQL 数据库服务器的用户需要进行权限验证，只有拥有了权限，才能进行该权限相对应的操作。合理的权限管理能够保证数据库系统的安全，不合理的权限管理会给数据库服务器带来非常可怕的安全隐患。

10.1 办公设备管理系统中用户的管理

10.1.1 使用 SQLyog 创建用户

任务描述

使用 SQLyog 为办公设备管理数据库创建用户。

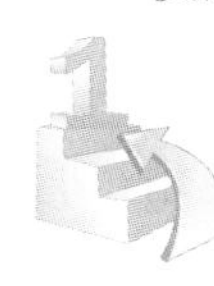

设计过程——创建用户

（1）以管理员身份登录 SQLyog，选择【工具】→【用户管理】。

（2）单击【添加新用户】，打开【添加新用户】对话框，如图 10.1 所示。

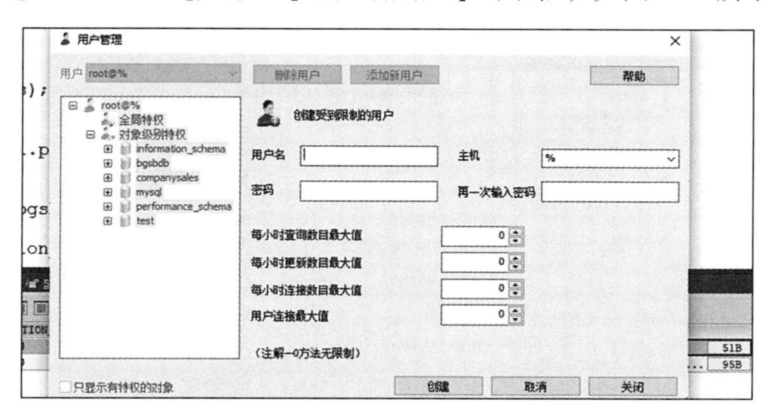

图 10.1　创建用户

（3）输入用户名和密码，然后单击【创建】按钮保存用户。

（4）保存后，原用户名也随之改变。选择要授权的数据库，如 bgsbDB，即可通过勾选授权该数据库操作权限，如图 10.2 所示。

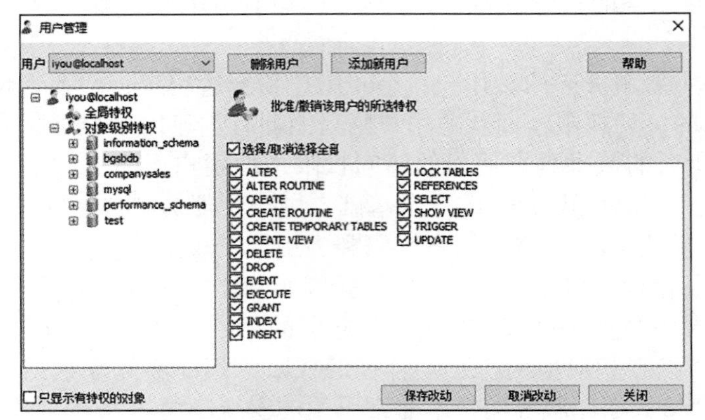

图 10.2　用户授权

10.1.2　使用 SQLyog 修改用户

任务描述

使用 SQLyog 为办公设备管理数据库修改用户。

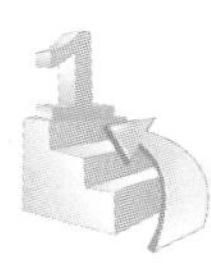

设计过程——修改用户

（1）以管理员身份登录 SQLyog，单击工具栏上的【用户管理】按钮，打开【用户管理】对话框，找到要修改的用户。

（2）根据需要修改用户的权限和信息等，如图 10.3 所示。

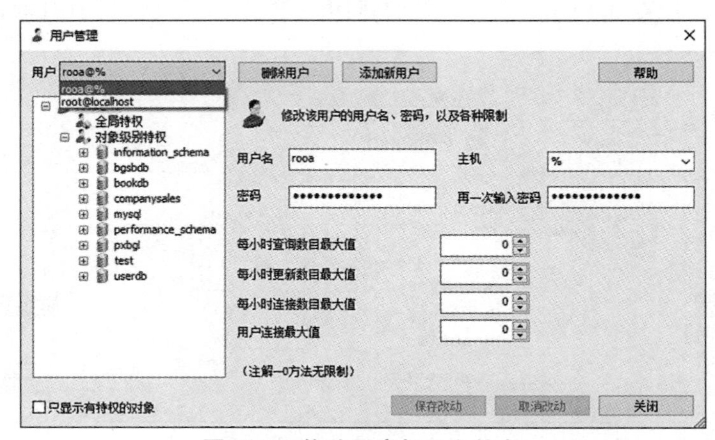

图 10.3　修改用户权限和信息

10.1.3 使用 SQLyog 删除用户

任务描述

使用 SQLyog 为办公设备管理数据库删除用户。

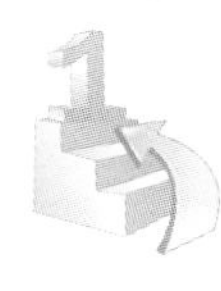

设计过程——删除用户

（1）以管理员身份登录 SQLyog，单击工具栏上的【用户管理】按钮，打开【用户管理】对话框。

（2）找到要删除的用户，单击【删除用户】按钮即可，如图 10.4 所示。

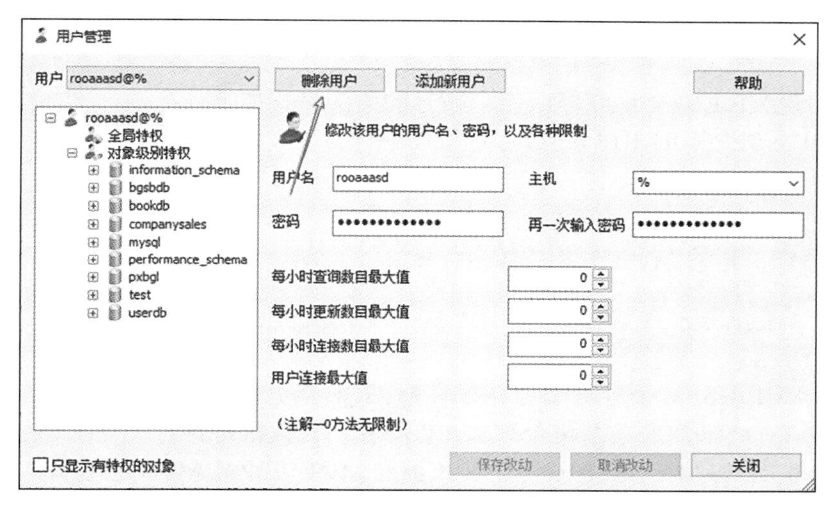

图 10.4 删除用户

10.1.4 使用 SQL 语句创建用户

任务描述

使用 SQL 语句为办公设备管理数据库创建用户。

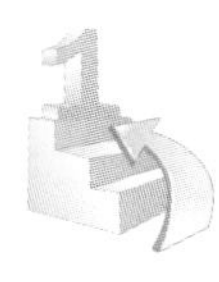

设计过程——创建用户

使用 CREATE USER 语句创建用户的语法格式如下：

```
CREATE USER '[name]' @ '%' IDENTIFIED BY '[pwd]';
```

参数说明如下：

（1）name 指定在此数据库中的用户的唯一名称。

（2）%：匹配所有主机，该地方还可以设置成 ‘localhost’，代表只能本地访问，例如 root 账户默认为 ‘localhost’。

（3）pwd：指定该用户的登录密码。

10.1.5　使用 SQL 语句修改用户

任务描述

使用 SQL 语句为办公设备管理数据库修改用户。

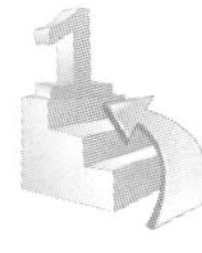

设计过程——修改用户账号

使用 RENAME USER 语句修改用户账号的语法格式如下：

RENAME USER < 旧用户 > TO < 新用户 >

参数说明如下：

（1）旧用户：系统中已经存在的 MySQL 用户。

（2）新用户：新的 MySQL 用户账号。

知识卡：

1. RENAME USER 语句用于对原有的 MySQL 账户进行重命名。
2. 若系统中旧账户不存在或者新账户已存在，则该语句执行时会出现错误。
3. 要使用 RENAME USER 语句，必须拥有 MySQL 中的 MySQL 数据库的 UPDATE 权限或全局 CREATE USER 权限。

10.1.6　使用 SQL 语句删除用户

任务描述

使用 SQL 语句为办公设备管理数据库删除用户。

设计过程——删除用户

使用 DELETE 语句删除办公设备管理系统数据库用户，语法格式如图 10.5 所示。

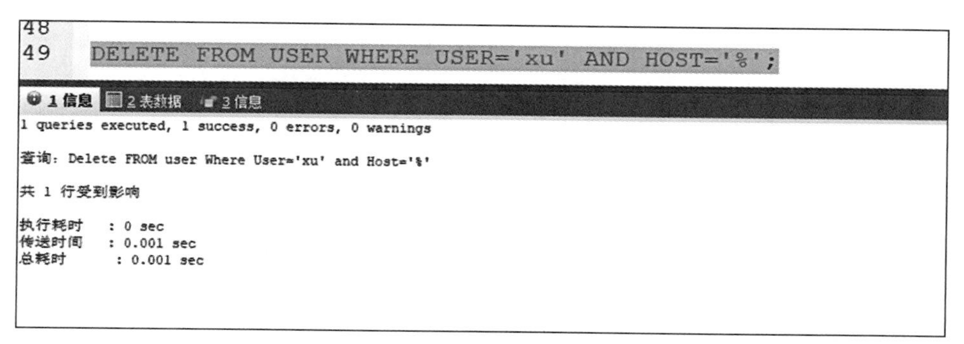

图 10.5 DELETE 语法格式

知识卡：

首先要选择 MySQL 数据库中的 mysql 数据库，因为 User 表存在于 mysql 数据库中。

10.1.7 查看当前登录的用户

使用 SELECT USER 查看当前登录的用户名，语法格式如图 10.6 所示。

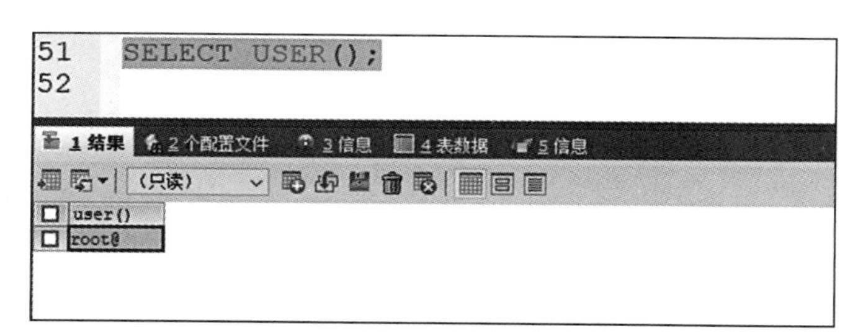

图 10.6 SELECT USER 语法格式

返回结果为 root。

10.1.8 查看当前数据库

使用 SELECT DATABASE 查看当前选择的数据库，语法格式如图 10.7 所示。

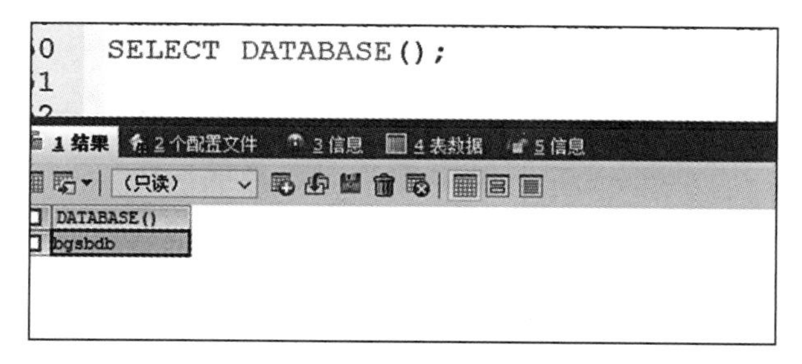

图 10.7 SELECT DATABASE 语法格式

返回结果为 bgsbdb。

10.2 办公设备管理系统中角色的管理

10.2.1 使用 SQLyog 创建角色

任务描述

使用 SQLyog 在办公设备管理系统数据库中创建角色。

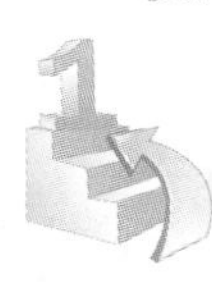

设计过程——创建角色

（1）以管理员身份登录 SQLyog，单击工具栏上的【用户管理】按钮，打开【用户管理】对话框。

（2）单击【添加新用户】按钮，输入对应的用户名、主机、密码后单击【创建】按钮，如图 10.8 所示。

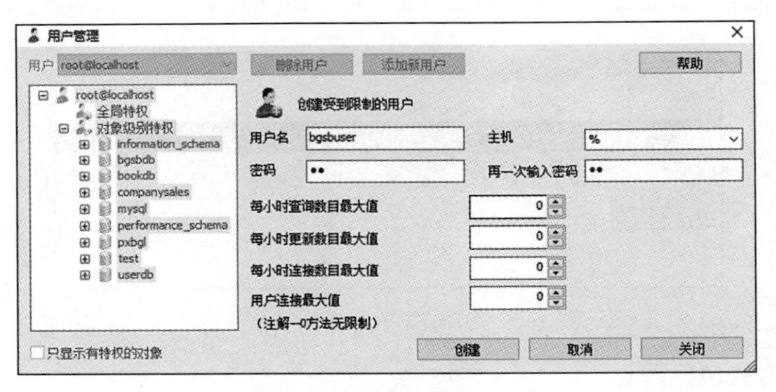

图 10.8　添加新用户

（3）选择【对象级别特权】下的 bgsbdb 数据库，赋予该用户特权，单击【保存改动】按钮即可，如图 10.9 所示。

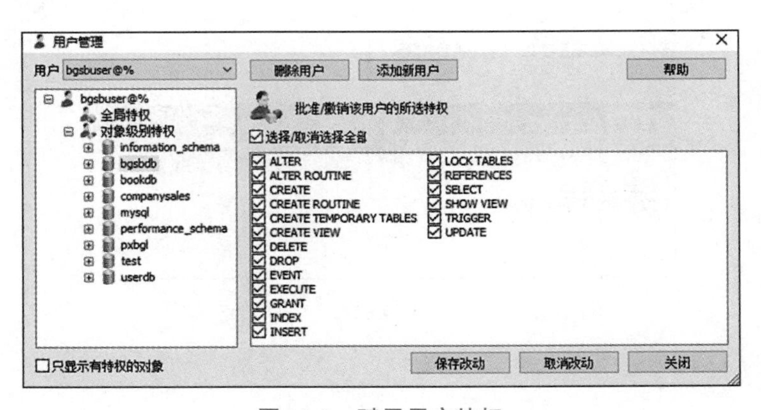

图 10.9　赋予用户特权

10.2.2 使用 SQLyog 修改角色

任务描述

使用 SQLyog 在办公设备管理系统数据库中修改角色。

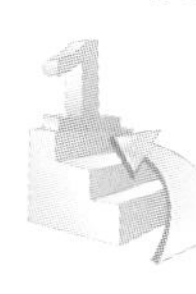

设计过程——修改角色

（1）以管理员身份登录 SQLyog，单击工具栏上的【用户管理】按钮，打开【用户管理】对话框。

（2）找到对应的用户，修改权限、用户名、密码等，如图 10.10 所示。

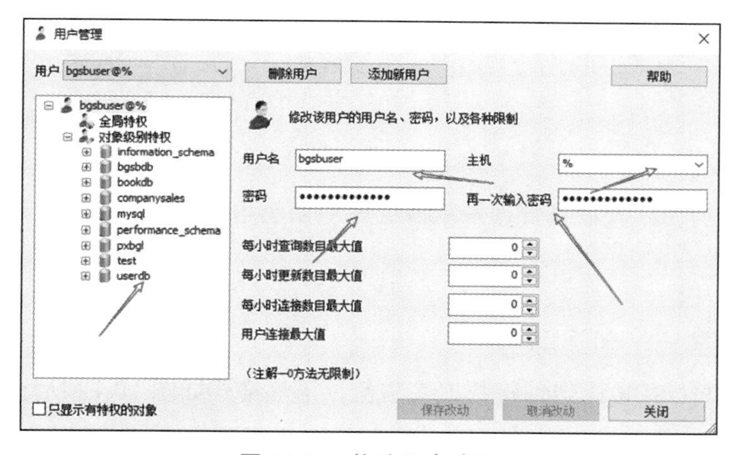

图 10.10 修改用户选项

（3）修改完成后，单击【保存改动】按钮即可。

10.2.3 使用 SQLyog 删除角色

任务描述

使用 SQLyog 在办公设备管理系统数据库中删除角色。

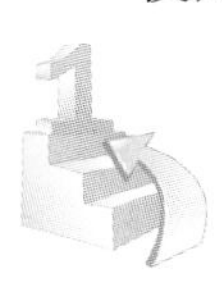

设计过程——删除角色

（1）以管理员身份登录 SQLyog，单击工具栏上的【用户管理】按钮，打开【用户管理】对话框。

（2）找到需要删除的用户，单击【删除用户】按钮即可，如图 10.11 所示。

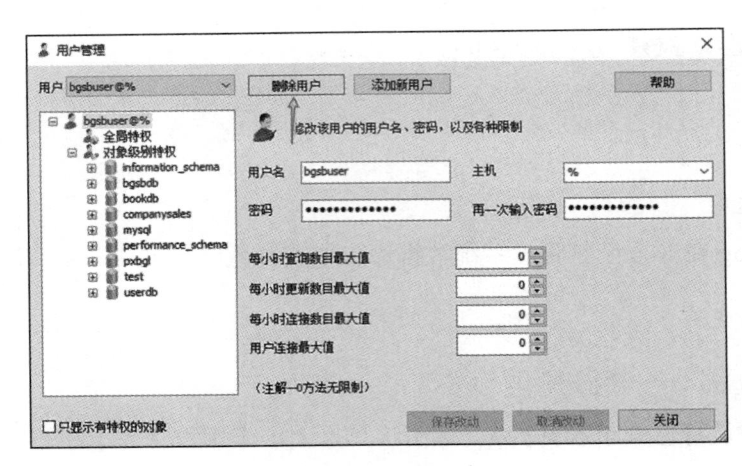

图 10.11　删除用户

10.2.4　使用 SQL 语句创建角色

任务描述

使用 SQL 语句在办公设备管理系统数据库中创建角色。

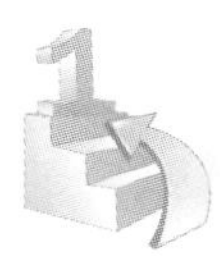

设计过程——创建角色

使用 CREATE USER 语句创建数据库角色，语法格式如图 10.12 所示。

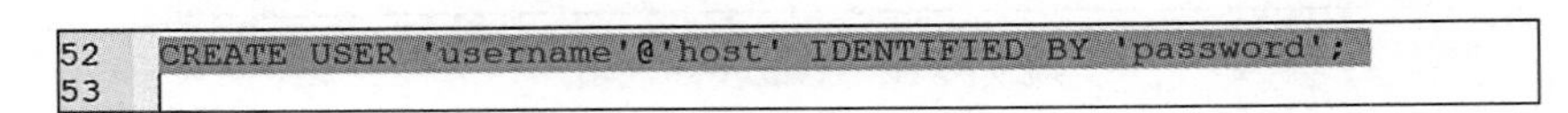

```
52  CREATE USER 'username'@'host' IDENTIFIED BY 'password';
53
```

图 10.12　CREATE USER 语法格式

参数说明如下：

（1）username：创建的用户名。

（2）host：指定该用户可以在哪个主机上登录，如果是本地用户可用 localhost，如果想让该用户可以从任意远程主机登录，可以使用通配符“%”。

（3）password：该用户的登录密码，密码可以为空，即不需要密码便可登录服务器。

10.2.5　使用 SQL 语句修改角色密码和名称

任务描述

使用 SQL 语句在办公设备管理系统数据库中修改角色密码和名称。

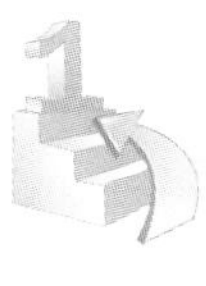

设计过程——修改角色密码和名称

1. 修改数据库角色名称

使用 RENAME USER 语句修改数据库角色名称，语法格式如图 10.13 所示。

```
53  RENAME USER 'username'@'host' TO 'new_username'@'host';
```

图 10.13 RENAME USER 语法格式

参数说明如下：

（1）username：需要重命名的用户名。

（2）new_username：要分配给用户的新用户名。

2. 修改数据库角色密码

使用 SET PASSWORD FOR 语句修改数据库角色密码，语法格式如图 10.14 所示。

```
60  SET PASSWORD FOR 'new_username'@'host' = PASSWORD('newpassword')
```

图 10.14 SET PASSWORD FOR 语法格式

参数说明如下：

（1）new_username：指定要修改的数据库角色的名称。

（2）newpassword：指定要修改的数据库角色的新密码。

知识卡：

\# 如果是当前登录用户

SET PASSWORD = PASSWORD(“newpassword”);

10.2.6 使用 SQL 语句删除角色

任务描述

使用 SQL 语句在办公设备管理系统数据库中删除角色。

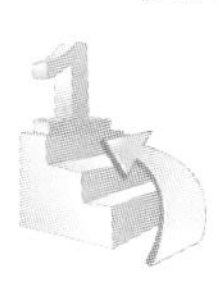

设计过程——删除角色

使用 DROP USER 语句删除数据库角色，语法格式如图 10.15 所示。

```
61
62    DROP USER 'new_username'@'host';
```

图 10.15　DROP USER 语法格式

参数说明如下：

new_username：要删除的数据库角色的名称。

10.2.7　使用 SQL 语句查看已存在的用户

任务描述

使用 SQL 语句在办公设备管理系统数据库中查看已存在的用户。

设计过程——查看已存在的用户

使用 SELECT 语句查看已存在的用户，语法格式如图 10.16 所示。

图 10.16　SELECT 语法格式

10.3　办公设备管理系统中权限的设置

10.3.1　使用 SQLyog 管理对象权限

任务描述

使用 SQLyog 在办公设备管理系统数据库中设置对象权限。

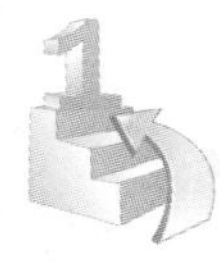

设计过程——设置对象权限

（1）启动 SQLyog，单击工具栏上的【用户管理】按钮，打开【用户管理】对话框。

（2）找到对应的用户，设置权限即可，如图 10.17 所示。

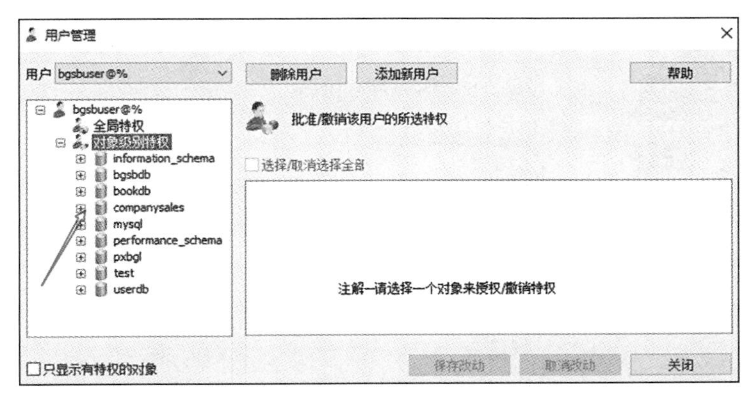

图 10.17　设置对象权限

10.3.2　使用 SQLyog 管理数据库权限

任务描述

使用 SQLyog 在办公设备管理系统数据库中设置数据库权限。

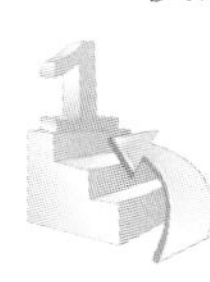

设计过程——设置数据库权限

（1）启动 SQLyog，单击工具栏上的【用户管理】按钮，打开【用户管理】对话框。
（2）选择对应的用户直接修改即可。

10.3.3　使用 SQLyog 管理用户的权限

任务描述

使用 SQLyog 在办公设备管理系统数据库中设置用户权限。

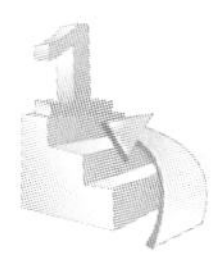

设计过程——设置用户权限

（1）启动 SQLyog，单击工具栏上的【用户管理】按钮，打开【用户管理】对话框。

（2）选择对应的用户，在右边的窗口可以修改当前数据库用户所拥有的权限，如图 10.18 所示。

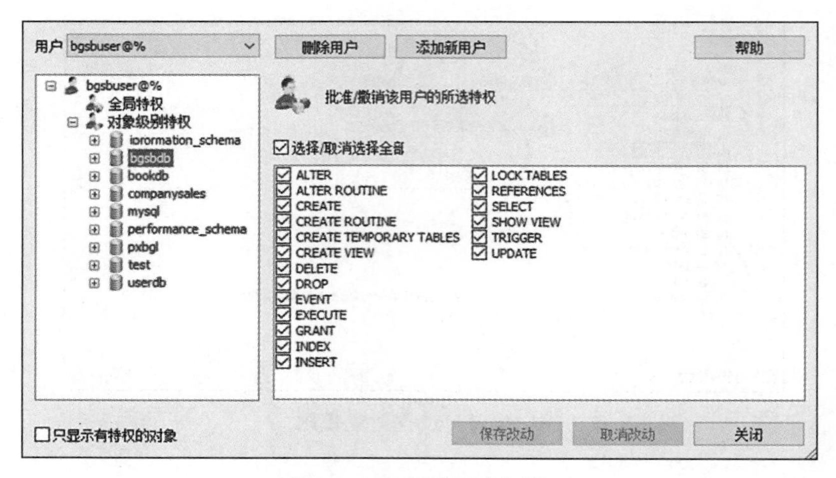

图 10.18　设置用户权限

（3）勾选好权限后单击【保存改动】按钮即可。

10.3.4　使用 SQL 语句设置授予权限

任务描述

使用 SQL 语句在办公设备管理系统数据库中对用户或角色设置授予权限。

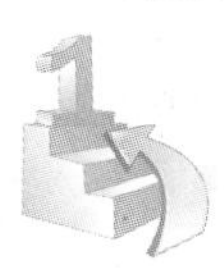

设计过程——设置授予权限

使用 GRANT 语句对用户 bgsbuser 授予创建表和创建视图的权限，语法格式如图 10.19 所示。

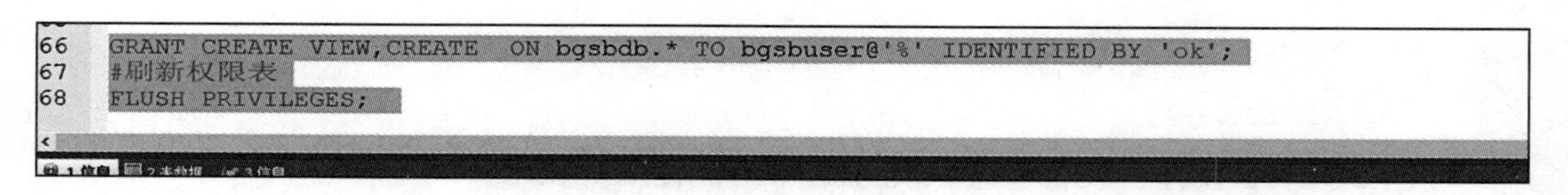

```
66  GRANT CREATE VIEW,CREATE  ON bgsbdb.* TO bgsbuser@'%' IDENTIFIED BY 'ok';
67  #刷新权限表
68  FLUSH PRIVILEGES;
```

图 10.19　GRANT 语法格式

10.3.5　使用 SQL 语句设置废除权限

任务描述

使用 SQL 语句在办公设备管理系统数据库中对用户或角色设置废除权限。

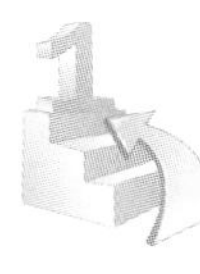

设计过程——设置废除权限

使用 REVOKE 语句对用户 bgsbuser 授予废除创建表和创建视图的权限，语法格式如图 10.20 所示。

```
0   REVOKE CREATE VIEW,CREATE ON bgsbdb.* FROM bgsbuser@'%' IDENTIFIED BY 'ok'
1   #刷新权限表
2   FLUSH PRIVILEGES;
```

图 10.20　REVOKE 语法格式

知识卡：

1. GRANT，REVOKE 用户权限后，该用户只有重新连接 MySQL 数据库后才能使权限生效。

2. 如果想让授权的用户将这些权限 GRANT 给其他用户，需要加入“grant option”选项。

10.3.6　使用 SQL 语句查看当前用户权限

任务描述

使用 SQL 语句在 SQLyog 中查看当前用户所拥有的权限。

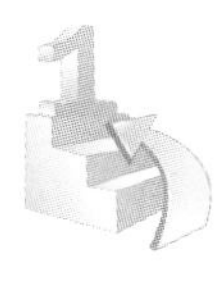

设计过程——查看当前用户权限

使用 SHOW GRANTS 语句查看当前用户所拥有的权限，语法格式如图 10.21 所示。

```
73  SHOW GRANTS;
```

图 10.21　SHOW GRANTS 语法格式

10.3.7　使用 SQL 语句查看其他用户权限

任务描述

使用 SQL 语句在 SQLyog 中查看其他用户所拥有的权限。

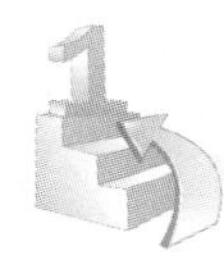

设计过程——查看其他用户权限

使用 SHOW GRANTS FOR 语句查看其他用户所拥有的权限，语法格式如图 10.22 所示。

```
76  SHOW GRANTS FOR bgsbuser@'%';
```

图 10.22　SHOW GRANTS FOR 语法格式

10.3.8　设置数据库的表为只读状态

任务描述

使用 SQL 语句设置数据库中的表为只读状态。

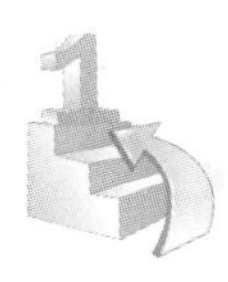

设计过程——设置表的状态

使用 SET GLOBAL READ_ONLY 语句来设置表的只读状态，语法格式如图 10.23 所示。

```
77
78  SET GLOBAL READ_ONLY=1;
```

图 10.23　SET GLOBAL READ_ONLY 语法格式

知识卡：

1. root 账户才可设置成功。
2. 在 root 账户登录的状态下只读没有效果，依旧可以修改数据。

思考与练习

一、选择题

1. SQL 语言的 GRANT 和 REVOKE 语句主要是用来维护数据库的（　　）。
   A. 完整性　　B. 可靠性　　C. 安全性　　D. 一致性
2. 数据库的安全控制中，授权的数据对象的（　　），授权子系统就越灵活。
   A. 范围越小　　B. 约束越细致　　C. 范围越大　　D. 约束范围越大

二、简答题

1. 什么是数据库的安全性？
2. 实现数据库安全性控制的常用方法和技术有哪些？
3. 什么是数据库完整性？完整性分为几类？

单元 11

综合实训：培训班管理信息系统数据库的设计与应用

目前，传统的手工记录培训班事务的方式已经不能满足管理人员的需要，一款好的培训班管理软件通常具有报名管理、收费管理、学员管理、客户关系管理等方面的功能，是培训行业进行信息化管理、提高服务质量、杜绝管理漏洞的有效工具，可以帮助管理人员更好地管理培训班。本单元将以培训班管理系统为例讲解数据库的设计与应用。同学们在学习和实践的过程中应注重对创造性思维的培养。

11.1 整理资料

学习目标

- 能正确解读数据库需求分析。
- 能根据数据库需求绘制出局部 E-R 图。
- 能将局部 E-R 图组合成全局 E-R 图。
- 能将需求分析文档中有关数据库的内容提炼出来，并将数据库设计文档的相关内容充实起来。

11.1.1 培训班管理系统的需求分析

任务要求

分析培训班管理系统的功能需求。

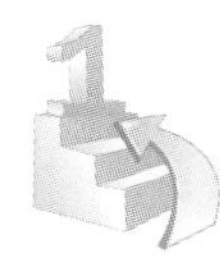

操作向导

培训班管理系统中，管理员承担对培训班管理系统的管理职责。

主要功能要求

1. 系统设置

对系统一些基本信息的设置，包括：课程设置、备份恢复数据库、操作员设置、其他设置。

2. 统计报表

在统计报表中可以查询学员交费情况、学员基本情况、学员课程统计、学员上课统计。

3. 学员管理

主要是对学员的基本信息、交费情况、请假等进行管理，并具备提醒功能。

4. 综合管理

既可对学员上课登记和交费情况进行管理，也可以对请假、学习记录等情况进行统计。具体如图 11.1 所示。

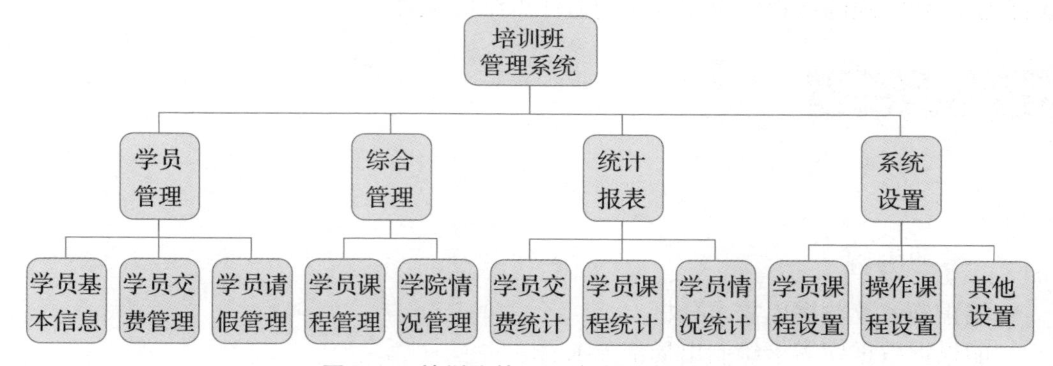

图 11.1　培训班管理系统功能管理模块

通过对上述系统功能设计的分析，针对培训班管理系统的需求，总结出如下信息：

用户分为管理员用户（管理员）和一般用户（学员）。

（1）一个学员可以选择多个课程，一个课程可以被多个学员选择。

（2）一个学员可以多次请假。

（3）一个学员可以多次交费。

经过对上述需求的总结，可以初步设计出以下数据项：

（1）学员信息主要包括：学员编号、姓名、性别、电话、联系地址、入学时间、状态、证件类型、证件号码等。

（2）课程信息主要包括：课程号、课程名、学费、开课时间、结束时间、课时等。

（3）管理员信息主要包括：工号、用户名、密码等。

11.1.2　绘制局部 E-R 图并且组合成全局 E-R 图

任务要求

根据需求绘制 E-R 图。

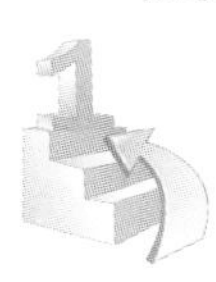

操作向导

根据 11.1.1 节所做的需求分析，可以得到如图 11.2 ～图 11.7 所示的培训班管理系统的局部 E-R 图。

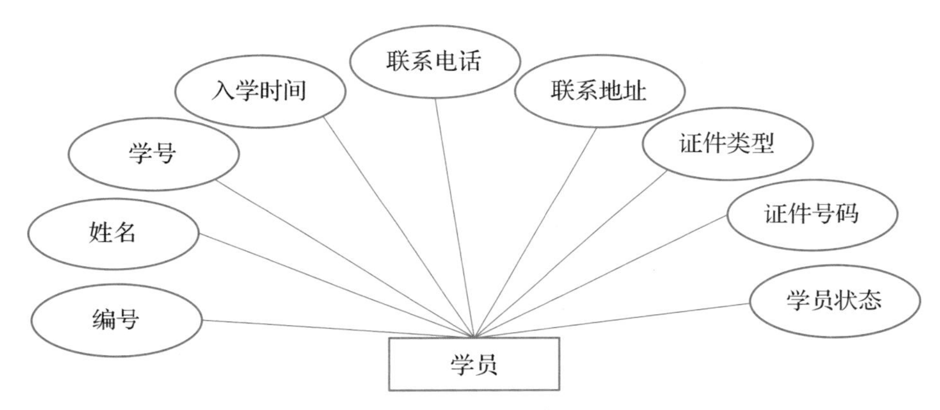

图 11.2　学员信息实体 E-R 图

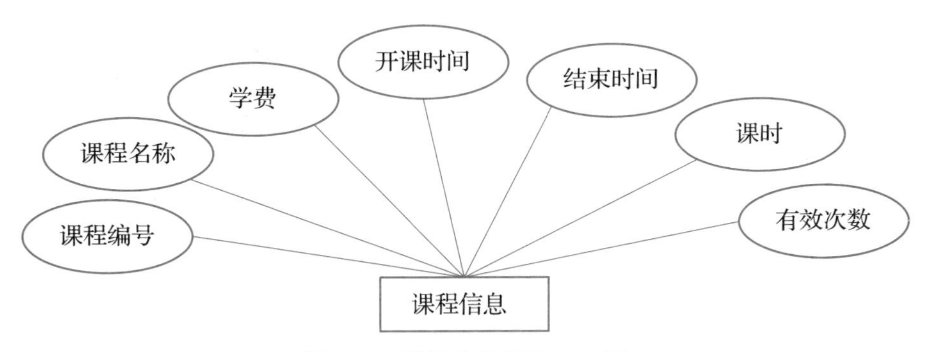

图 11.3　课程信息实体 E-R 图

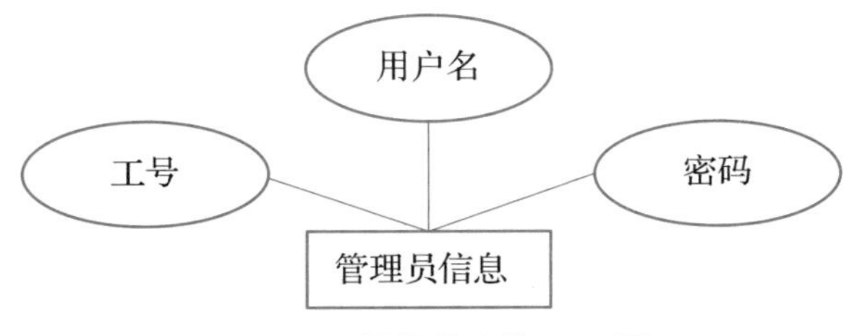

图 11.4　操作员实体 E-R 图

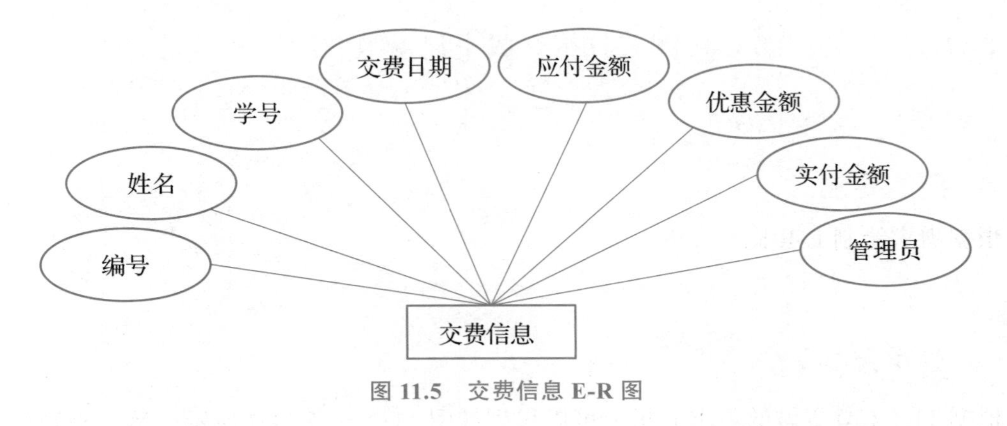

图 11.5　交费信息 E-R 图

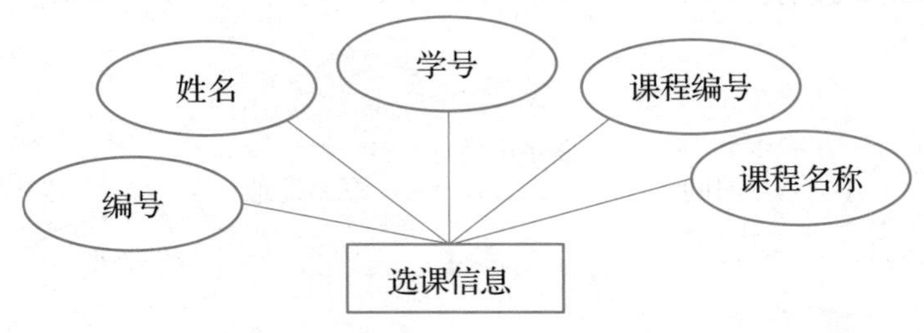

图 11.6　选课信息 E-R 图

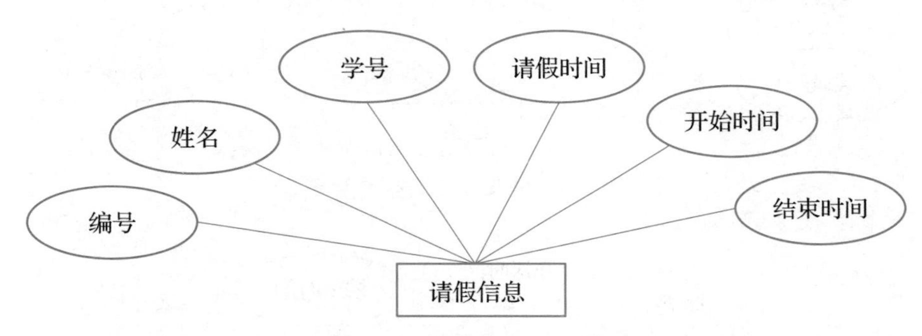

图 11.7　请假信息 E-R 图

可将上述局部 E-R 图组合成如图 11.8 所示的培训班管理系统全局 E-R 图。

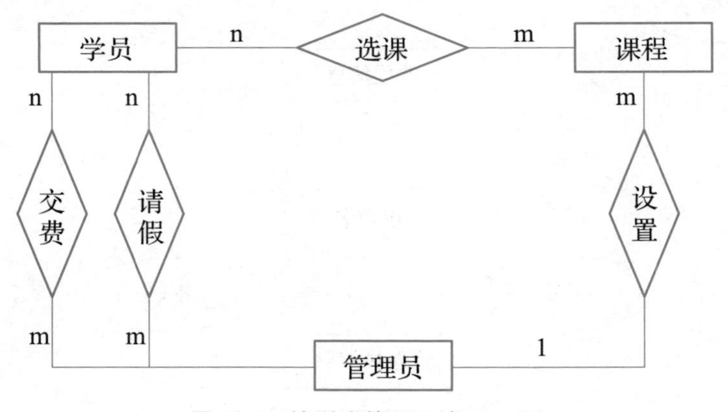

图 11.8　培训班管理系统 E-R 图

思考：根据图 11.8 所示的培训班管理系统 E-R 图转换的关系模型是怎么样的？

11.2 设计管理系统数据库结构

学习目标

- 能将 E-R 图转换成所需要的数据表。
- 能根据整理出来的资料完善数据库设计文档。

任务要求

根据概念模型向关系模型的转换规则将各个局部 E-R 图转换成相应的数据表。

操作向导

根据需求分析、图 11.2 ～图 11.8 所示的 E-R 图及概念模型向关系模型转换的规则，可以得到表 11.1 ～表 11.7 所示的数据表。

表 11.1 学员信息表

列 名	数据类型	是否允许为空
学员编号	int	否
姓名	varchar	否
性别	char	否
电话	varchar	否
地址	varchar	否
证件类型	varchar	否
证件号码	varchar	否
入学时间	datatime	否
状态	varchar	否
备注	text	是

表 11.2 课程信息表

列 名	数据类型	是否允许为空
课程编号	int	否
课程名	varchar	否

续表

列　名	数据类型	是否允许为空
学费	float	否
课时	int	否
开课时间	datetime	否
结束时间	datetime	否
有效次数	int	否
备注	text	是

表 11.3　操作员信息表

列　名	数据类型	是否允许为空
工号	int	否
用户名	Varchar	否
密码	varchar	否

表 11.4　交费表

列　名	数据类型	是否允许为空
编号	int	否
学员编号	int	否
姓名	varchar	否
应付金额	float	否
优惠金额	float	否
实付金额	float	否
欠费金额	float	否
交费日期	datetime	否
操作员	int	否
备注	text	是

表 11.5　选课表

列　名	数据类型	是否允许为空
编号	int	否
学员编号	int	否
姓名	varchar	否
课程编号	int	否
课程名	varchar	否

表 11.6　请假表

列　名	数据类型	是否允许为空
编号	int	否
学员编号	int	否
姓名	varchar	否
开始时间	datetime	否
结束时间	datetime	否
请假时间	int	否
操作员	int	否
备注	text	是

表 11.7　上课表

列　名	数据类型	是否允许为空
编号	int	否
学员编号	int	否
课程号	int	否
上课地点	varchar	否
上课时间	datetime	否
是否上课	varchar	否

11.3　创建管理系统数据库

学习目标

- 能熟练进行 SQLyog 图形化操作。
- 能正确理解 SQLyog 数据库概念。
- 能熟练使用查询设计器。
- 能根据数据库设计文档创建数据库及库中的数据表。

11.3.1　创建、管理培训班管理系统数据库

任务要求

应用创建数据库的知识创建培训班管理系统数据库。

操作向导

1. 在图形界面下创建数据库

在 SQLyog 下创建数据库的过程如下：

（1）启动 SQLyog，输入登录名和密码。

（2）展开对象资源管理器，选中数据库结点，右击，在弹出的快捷菜单中选择【创建数据库】。

（3）弹出【创建数据库】对话框，在常规标签中的数据库名称文本框中输入要创建的数据库名 pxbgl。

（4）单击【确定】按钮，关闭【创建数据库】对话框。此时，可以在对象资源管理器中看到新创建的数据库 pxbgl，如果找不到该数据库，可以通过右键菜单刷新对象资源管理器。

2. 用 SQL 命令创建数据库

在 SQLyog 的新建查询编辑器中输入如图 11.9 所示的命令。

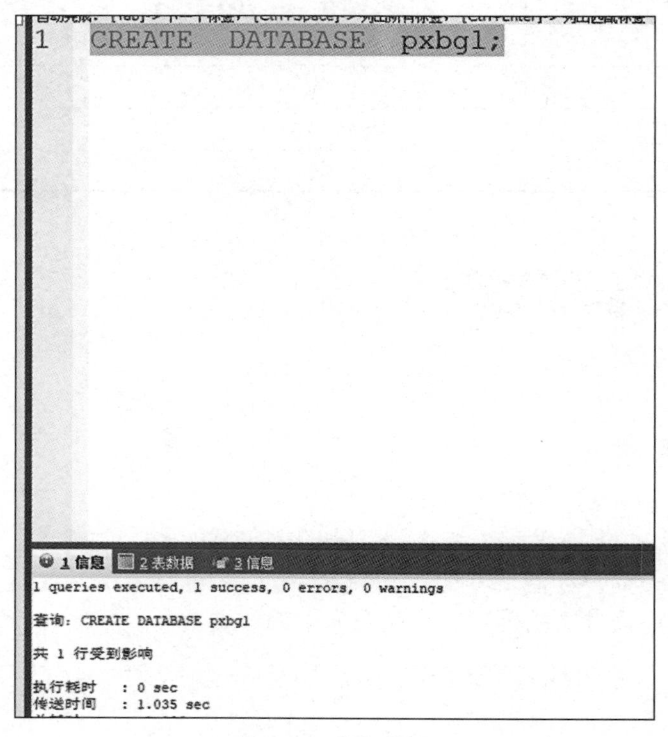

图 11.9 执行结果

3. 管理和维护数据库

（1）打开数据库。

在新建查询编辑器中以 SQL 方式打开并切换数据库的语法格式如下：

```
Use pxbgl
```

（2）增减数据库空间。

随着培训班管理系统的数据量和日志量的不断增加，会出现存储空间不够的问题，因而要增加数据库的可用空间。可通过图形界面方式或 SQL 命令方式增加数据库的可用空间。

通过配置文件修改数据库的空间。

（1）找到 mysql 安装路径下的 my.ini 配置文件。

（2）在 my.ini 配置文件中加入 max_allowed_packet=15M，大小根据自己的需求设置，如图 11.10 所示。

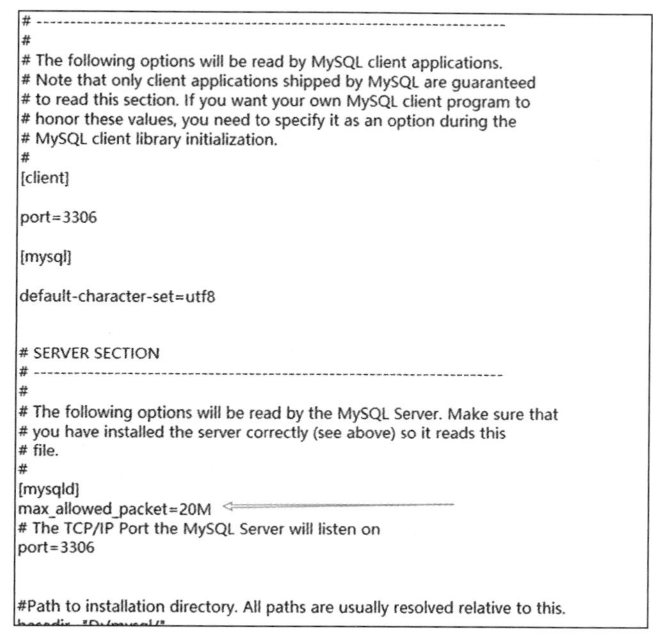
```
# -----------------------------------------------------------------------
#
# The following options will be read by MySQL client applications.
# Note that only client applications shipped by MySQL are guaranteed
# to read this section. If you want your own MySQL client program to
# honor these values, you need to specify it as an option during the
# MySQL client library initialization.
#
[client]

port=3306

[mysql]

default-character-set=utf8


# SERVER SECTION
# -----------------------------------------------------------------------
#
# The following options will be read by the MySQL Server. Make sure that
# you have installed the server correctly (see above) so it reads this
# file.
#
[mysqld]
max_allowed_packet=20M
# The TCP/IP Port the MySQL Server will listen on
port=3306


#Path to installation directory. All paths are usually resolved relative to this.
```

图 11.10 修改数据库的空间

（3）添加完成之后重启 mysql 服务即可。

4. 删除数据库

方法 1：在图形界面下删除数据库。

右击 pxbgl 数据库，选择【更多数据库】→【删除数据库】，单击【确定】按钮，完成 pxbgl 数据库的删除。

方式 2：使用 SQL 命令删除。

DROP DATABASE pxbgl;

11.3.2 创建培训班管理系统数据表

任务要求

创建培训班管理系统的数据表。

操作向导

1. 使用图形界面创建数据表

打开对象资源管理器，选中之前创建的数据库 pxbgl，右击【表】结点，在弹出的快捷菜单中选择【创建表】，在表设计器中按照要求设置表中字段的数据类型、长度、是否为空以及约束等属性。

2. 使用 CREATE TABLE 语句创建表

以学员信息表的创建为例，创建表的 SQL 语句如图 11.11 所示。

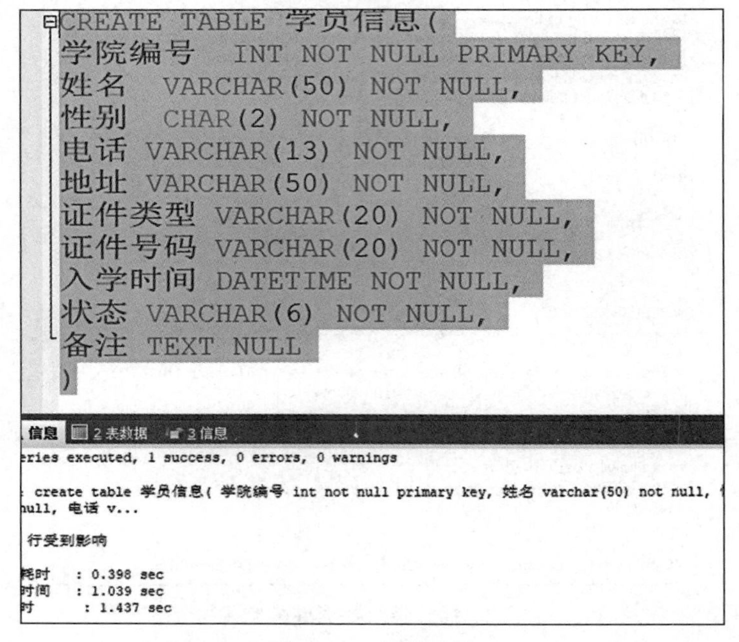

图 11.11　执行结果

思考：请根据学员信息表创建培训班管理系统数据库的其他表。

11.4　创建基本管理信息视图

学习目标

- 能准确进行数据统计。
- 能正确使用 SELECT 语句中与统计相关的子句。
- 能灵活、准确地使用聚合函数。
- 能将查询语句与视图创建很好地结合起来。
- 能根据提供的特定条件进行数据统计，并创建视图。

11.4.1 通过视图查询数据

任务要求

通过视图查询数据。

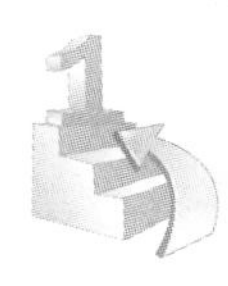
操作向导

（1）通过视图查询学员编号为 1 号的学员的基本信息。

分析：首先要创建学员信息视图，然后通过视图查询学员信息。

```
# 创建视图 view_ 学员信息
CREATE VIEW view_ 学员信息
AS
(
SELECT * FROM 学员信息
);
# 从视图中查询学员编号为“1”的记录
SELECT * FROM view_ 学员信息
WHERE 学员编号 =1;
```

（2）创建统计学员请假次数的视图“view_ 请假”。

```
# 创建视图 view_ 请假
CREATE VIEW view_ 请假
AS
(
SELECT 学员编号 ,COUNT( 学员编号 ) AS 请假次数 FROM 请假
GROUP BY 学员编号
);
# 从视图中查询数据
SELECT * FROM view_ 请假 ;
```

（3）创建统计培训班学员欠费情况的视图“view_ 欠费”。

```
# 创建视图 view_ 欠费
CREATE VIEW view_ 欠费
AS
(
SELECT 学员编号 ,SUM( 欠费金额 ) AS 总欠费金额
FROM 交费 GROUP BY 学员编号
);
# 从视图中查询数据
SELECT * FROM view_ 欠费 ;
```

（4）创建学员选课信息的视图“view_ 选课”。

```
# 创建视图 view_ 选课
CREATE VIEW view_ 选课
AS
(
SELECT a. 学员编号 ,a. 姓名 AS 学员姓名 , 课程编号 , 课程名
FROM 学员信息 a, 选课 b
WHERE a. 学员编号 =b. 学员编号
);
# 从视图中查询数据
select * from   view_ 选课 ;
```

11.4.2 通过视图修改表中数据

任务要求

通过已创建的视图对数据进行修改。

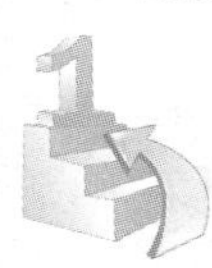

操作向导

对“view_ 学员信息”视图进行修改，把学员编号为 5 的学员姓名改为“李欣”。

分析：通过视图修改数据的实质是对视图所依赖的基本表中的数据进行修改，所以均使用 update 语句进行操作，具体语句如下：

```
UPDATE view_ 学员信息
SET 姓名 =' 李欣 '
WHERE 学员编号 =5;
SELECT * FROM view_ 学员信息 ;
```

思考：

（1）怎样在 SQLyog 图形界面下创建视图和查询视图数据？

（2）通过视图修改基本表中的数据时有哪些限制？

（3）如何查看视图的定义信息，如何删除已创建的视图？

知识卡：

创建视图的语句的语法格式如下：

CREATE   VIEW   <视图名>   AS   <SELECT 语句>;

修改视图的语句的语法格式如下：

ALTER   VIEW   <视图名>   AS   <SELECT 语句>;

删除视图的语句的语法格式如下：

DROP   VIEW   <视图名 1> [, <视图名 2> …]

通过视图查询数据的语法格式如下：

通过视图查询数据与通过表查询数据的语句完全相同，只是 FROM 子句跟的是视图名。

```
SELECT 字段名列表
FROM 视图名
WHERE 查询条件
…
```

查看视图的定义信息的语句的语法格式如下：

```
DESC 视图名;
```

通过视图修改数据需要注意以下几点：

（1）任何修改（包括 UPDATE、INSERT 和 DELETE 语句）都只能引用一个基表的列。

（2）在视图中修改的列必须直接引用表列中的基础数据。列不能通过其他方式派生，可通过聚合函数（AVG、COUNT、SUM、MIN、MAX）得到。

（3）被修改的列不受 GROUP BY、HAVING 或 DISTINCT 子句影响。

11.5　完善数据表结构

学习目标

- 能灵活运用主键约束和外键约束确保数据完整性。
- 能正确使用 CREATE TABLE、ALTER TABLE 和 DROP TABLE 语句创建、修改和删除数据表。
- 能灵活、准确使用 ALTER TABLE 语句对数据表进行结构修改。
- 能根据要求在已经存在的数据表上添加主键约束、外键约束，实施关系的实体完整性和参照完整性。

11.5.1　设置数据表的主键约束

任务要求

创建管理系统的各个表的主键。

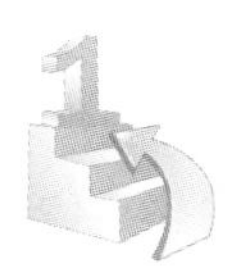

操作向导

（1）在 SQLyog 图形界面下，在要设置的主键列上单击【主键】，即可完成主键设置。将学员信息表中的学员编号设置为表的主键。

（2）在已有的表上设置主键的 SQL 语句如下：

```
ALTER TABLE 学员信息 ADD CONSTRAINT PK_ 学员信息 PRIMARY KEY（学员编号）
```

思考：使用上述两种方式为其他数据表设置主键约束。

11.5.2　设置数据表的外键约束

任务要求

设置管理系统的各个数据表的外键。

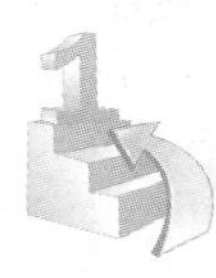

操作向导

外键可以和主表的主键或唯一键对应，外键列不允许为空值。以选课信息表为列，此表中的“学员编号”列在学员信息表中是主键，在此则为外键，如图 11.12 所示。

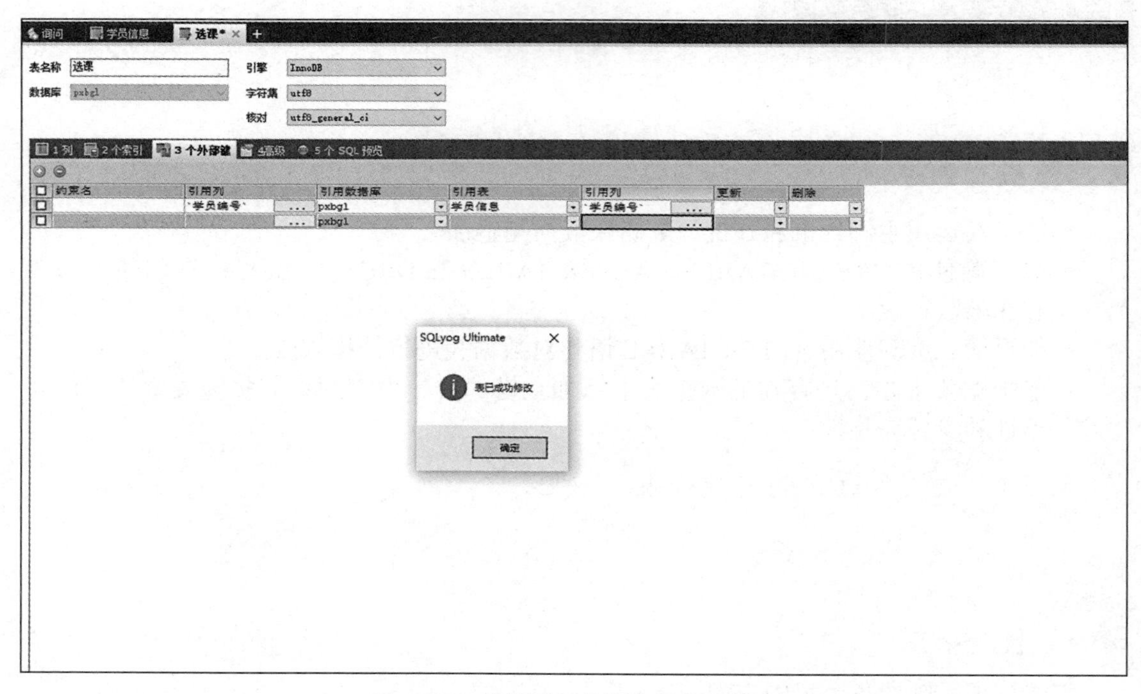

图 11.12　设置学员信息表的外键约束

在已有表中可用 SQL 语句设置外键约束，具体语法格式如下：

```
ALTER TABLE 选课 ADD CONSTRAINT 'fk' FOREIGN KEY（'学员编号'）REFERENCES 学员信息（'学员编号'）;
```

思考：使用上述方式为其他数据表设置外键约束，具体可参照图 11.13 所示的数据库关系图。

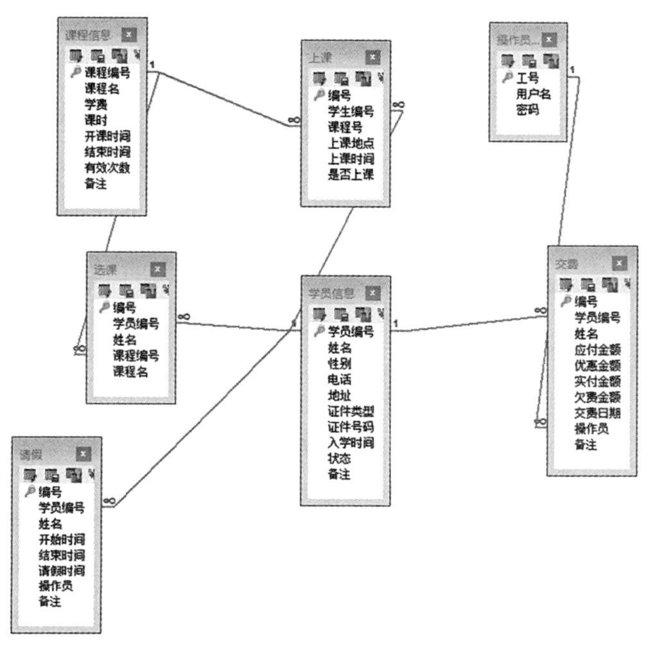

图 11.13　数据库关系

11.6　添加管理系统数据

学习目标

- 能正确完成向表中添加数据的图形化操作及命令操作。
- 能按照要求添加检查约束。
- 能根据要求向表中添加数据，并根据情况添加检查约束。

任务要求

建立培训班管理系统学员信息表的基本数据。

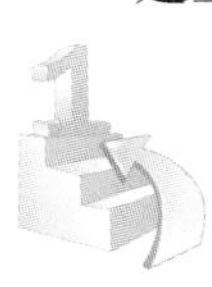

操作向导

使用图形界面和命令操作两种方式向学员信息表中添加数据。

1. 图形化界面添加数据

右击学员信息表，在弹出的快捷菜单中选择【打开表】，在打开的对话框中逐行输入基本数据。

2. 使用命令操作添加数据

向表中添加数据可用 SQL 语句完成，具体语法格式如下：

```
insert [into] 表名 [（字段列表）] values（相应的值列表）
```

如果是进行全部字段数据输入，则格式中的字段列表可以省略。如果向学员信息表中添加新的学员信息，具体语句如图 11.14 所示。

```
自动完成：[Tab]-> 下一个标签，[Ctrl+Space]-> 列出所有标签，[Ctrl+Enter]-> 列出匹配标签
1  INSERT 学员信息 VALUES(1,'张琳','男','88811123','无锡新区','学生证','123451','2010-9-2','正常',NULL);
2  INSERT 学员信息 VALUES(2,'王维','男','88811112','无锡新区','学生证','123452','2010-9-2','正常',NULL);
3  INSERT 学员信息 VALUES(3,'李晓霞','女','82345611','无锡新区','学生证','123453','2010-9-3','正常',NULL);
4  INSERT 学员信息 VALUES(4,'杨修','男','81234111','无锡崇安区','学生证','123454','2010-9-2','正常','11月要参加比赛');
5  INSERT 学员信息(学员编号,姓名,性别,电话,地址,证件类型,证件号码,入学时间,状态)
6  VALUES(5,'赵丹','女','88111111','无锡滨湖区','学生证','123455','2010-9-2','正常');
```

图 11.14　执行结果

知识卡：

字段的个数必须与 VALUES 子句中给出的值的个数相同；数据类型必须和字段的数据类型相对应。

思考：使用上述两种方式向其他数据表中添加数据，可参考如图 11.15 所示的语句。

```
1  INSERT 操作员信息 VALUES(1,'admin','admin');
2  INSERT 操作员信息 VALUES(2,'张三','123456');
3  INSERT 操作员信息 VALUES(3,'李四','111111');
4  INSERT 课程信息 VALUES(1,'C语言',64,300,'2019-9-5','2010-12-1',16,NULL);
5  INSERT 课程信息 VALUES(2,'VB语言',64,300,'2019-9-5','2010-12-1',16,NULL);
6  INSERT 课程信息 VALUES(3,'Java语言',64,300,'2019-9-5','2010-12-1',16,NULL);
7  INSERT 课程信息 VALUES(4,'网页制作',64,300,'2019-9-5','2010-12-1',16,NULL);
8  INSERT 课程信息 VALUES(5,'数据库',64,300,'2019-9-5','2010-12-1',16,NULL);
9  INSERT 选课 VALUES(1,1,'张琳',1,'语言');
10 INSERT 选课 VALUES(2,1,'张琳',2,'VB语言');
11 INSERT 选课 VALUES(3,2,'王伟',3,'Java语言');
12 INSERT 选课 VALUES(4,3,'李晓霞',4,'网页制作');
13 INSERT 选课 VALUES(5,4,'杨修',5,'数据库');
14 INSERT 选课 VALUES(6,5,'赵丹',5,'数据库');
15 INSERT 交费 VALUES(1,1,'张琳',300,30,200,70,'2019-9-2',1,NULL);
16 INSERT 交费 VALUES(2,2,'王维',300,0,250,50,'2010-9-2',1,'九月底交清');
17 INSERT 交费 VALUES(3,3,'李晓霞',300,0,300,0,'2010-9-3',2,NULL);
18 INSERT 交费 VALUES(4,4,'杨修',300,0,300,0,'2010-9-3',2,NULL);
19 INSERT 交费 VALUES(5,5,'赵丹',300,30,300,0,'2010-9-3',3,NULL);
20 INSERT 请假 VALUES(1,1,'张琳','2010-10-5','2010-10-15',10,1,'生病');
21 INSERT 上课 VALUES(1,1,1,'101教室','2010-9-5 13:00','是');
22 INSERT 上课 VALUES(2,1,2,'102教室','2010-9-6 13:00','是');
23 INSERT 上课 VALUES(3,2,3,'103教室','2010-9-7 13:00','是');
```

图 11.15　执行结果

11.7 实现基本管理信息查询

学习目标

- 能准确进行选择、投影、连接等关系操作。
- 能正确使用 SELECT 语句的 SELECT、FROM、WHERE 子句。
- 能熟练使用查询编辑器。
- 能根据特定条件进行单表数据和多表数据查询。

11.7.1 查询系统单张表基本信息

任务要求

会查询管理系统中的相关表的信息。

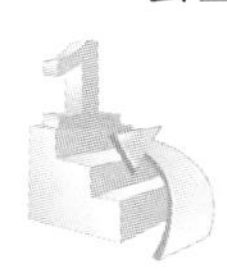

操作向导

（1）查询“学员信息表”中学号为 1 号的学员的基本信息。

语句如下：

```
SELECT * FROM 学员信息 WHERE 学员编号 =1;
```

（2）查询“请假信息表”中学员请假次数。

语句如下：

```
SELECT 学员编号 , COUNT( 学员编号 ) AS 请假次数
FROM 请假信息表
GROUP BY 学员编号 ;
```

（3）统计培训班学员欠费情况并插入“学员欠费”表中。注意，“学员欠费”表原来不存在。

分析：根据之前所学的知识可知，要将查询结果插入一个新表，则需要用到 CREATE TABLE 新表名 AS（SQL 语句）；。具体语句如下：

```
CREATE TABLE 学员欠费
AS
(
SELECT 学员编号 ,SUM( 欠费金额 ) AS 总欠费金额
FROM 交费 GROUP BY 学员编号
);
```

（4）统计欠费总额大于 50 的学员。

分析：统计时如果要使用聚合函数并有一定条件要求时，则要用到 GROUP BY 子句和 HAVING 子句。

```
SELECT 学员编号 FROM 交费 GROUP BY 学员编号 HAVING SUM( 欠费金额 )>50
```

知识卡：

SELECT 语句的基本语法格式如下：

SELECT 列名 [FROM 表名与视图名列表] [WHERE 条件表达式][GROUP BY 列名][HAVING 条件表达式][ORDER BY 列名 1[ASC|DESC], 列名 2 [ASC|DESC],…列名 n [ASC|DESC]

11.7.2　查询系统多张表特定信息

任务要求

会查询管理系统中的多张表的信息。

操作向导

（1）对“学员信息表”和“选课信息表”进行交叉连接，观察连接后的结果。

```
SELECT 学员编号 , 姓名 AS 学员姓名 , 课程编号 , 课程名 FROM 学员信息 , 课程信息
```

（2）对“学院信息表”和“选课信息表”进行内连接，查询每个学员的选课信息。

分析：在 MySQL 中，内连接有两种语法格式，具体如下：

格式 1：

```
SELECT a. 学员编号 ,a. 姓名 AS 学员姓名 , 课程编号 , 课程名 FROM 学员信息 a, 选课 b
WHERE a. 学员编号 =b. 学员编号
```

格式 2：

```
SELECT a. 学员编号 ,a. 姓名 AS 学员姓名 , 课程编号 , 课程名 FROM 学员信息 a
INNER JOIN 选课 b ON a. 学员编号 =b. 学员编号
```

知识卡：

内连接又称自然连接，连接条件通常采用“主键 = 外键”的形式。

（3）列出所有学员的信息并对已经交费的学员给出其交费信息。

分析：这种要求是典型的“学员信息表”为左表，“交费信息表”为右表的左外连接，连接条件为：学员信息 . 学员编号 = 交费信息 . 学员编号。连接结果保证了左表学员

信息的完整性，右表不符合连接条件的相应列中填入 NULL。

具体 SQL 语句如下：

```
SELECT * FROM 学员信息 LEFT JOIN 交费
ON 学员信息 . 学员编号 = 交费 . 学员编号
```

（4）列出所有交费信息并对交费的学员给出学员信息。

分析：这种要求是典型的“学员信息表”为左表，“交费信息表”为右表的右外连接，连接条件为：学员信息 . 学员编号 = 交费信息 . 学员编号。连接结果保证了右表交费信息的完整性，左表不符合连接条件的相应列中填入 NULL。

具体 SQL 语句如下：

```
SELECT * FROM 学员信息 RIGHT JOIN 交费
ON 学员信息 . 学员编号 = 交费 . 学员编号
```

（5）使用查询编辑器查询 2010 年 9 月 1 日和 2010 年 9 月 2 日报名的学员的姓名。

具体 SQL 语句如下：

```
SELECT 姓名 FROM 学员信息
WHERE 入学时间 >='2010-9-1' AND 入学时间 <='2010-9-2';
```

（6）用查询编辑器实现：在“学员信息表”中把上海的学员放到“上海学员表”中，然后把“学员信息表”中的上海学员删除。

为更好地得到查询结果，首先在“学员信息表”中插入两条来自上海的学员的信息。

```
INSERT 学员信息 VALUES (7, ' 朱丹 ', ' 女 ', '62312311', ' 上海浦东 ', ' 学生证 ', '123457', '2010-9-3', ' 正常 ', NULL)
INSERT 学员信息 VALUES (8, ' 邱荣 ', ' 男 ', '62312666', ' 上海浦西 ', ' 学生证 ', '123458', '2010-9-3', ' 正常 ', NULL)
```

分析：本任务可分为生成新表和删除记录两个步骤。

```
# 生成新表
CREATE TABLE 上海学员
AS
(
SELECT * FROM 学员信息 WHERE 地址 LIKE ' 上海 %'
);
# 删除学员信息表中的上海学员
DELETE FROM 学员信息 WHERE 地址 LIKE ' 上海 %';
```

思考：用查询编辑器完成下面两种情况的查询。

（1）查询培训班学员在培训期间的请假情况。

（2）查询培训班学员的上课情况。

知识卡：

查询多张表可以通过交叉连接、内连接、外连接等方式，其中交叉连接在实际应用中一般是没有意义的，但在数据库的数学模型上有重要的作用。

11.8 创建用户自定义函数实现管理信息统计

学习目标

- 能熟练使用查询设计器编辑、调试脚本。
- 能正确使用 MySQL 系统函数和全局变量。
- 能使用 SQL 语言创建用户自定义的标量函数。

任务要求

根据要求通过函数统计相关信息，如学员培训时间等。

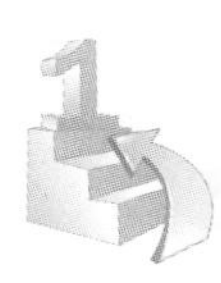

操作向导

创建一个统计学员培训天数的函数，该函数接收学员编号，返回学员已经培训的天数。

分析：任务要求函数返回学员培训天数，输入参数是学员的编号。具体语句如图 11.16 所示。

```
5   DELIMITER $$
6   CREATE FUNCTION pxDays(id INT )RETURNS  DATETIME
7   BEGIN
8   DECLARE str DATETIME DEFAULT '';
9   SET @str=(SELECT 入学时间 FROM 学员信息 WHERE 学员编号=id);
0   RETURN  @str;
1   END$$
2   DELIMITER ;
```

图 11.16 具体语句

调用该函数显示学员培训天数还可用如下语句：

SELECT pxDays（学员编号）;

思考：

（1）RETURNS 语句与 RETURN 语句的作用有何区别？

（2）内嵌表值函数和多语句表值函数的创建方法有何区别？

11.9 创建储存过程实现管理信息统计

学习目标

- 能使用 SQL 语言编写运行复杂储存过程的脚本。
- 能使用 SQL 语言创建用户定义的储存过程。

11.9.1 通过简单储存过程显示相关信息

任务要求

通过简单储存过程显示学员相关信息。

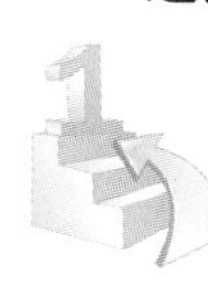

操作向导

（1）创建一个查询学员的基本信息的储存过程。

创建储存过程的语句如图 11.17 所示。

```
DELIMITER ;
DELIMITER $$
CREATE PROCEDURE proc_jb()
BEGIN
SELECT * FROM 学员信息;
END$$
DELIMITER ;
```

图 11.17 具体语句

执行该储存过程的语句如下：

```
CALL proc_jb;
```

（2）创建一个显示学员请假次数的储存过程。

创建储存过程的语句如图 11.18 所示。

```
120
121
122 DELIMITER $$
123 CREATE PROCEDURE proc_qj()
124 BEGIN
125 SELECT 学员编号,COUNT(学员编号) AS 请假次数
126 FROM 请假
127 GROUP BY 学员编号;
128 END$$
129 DELIMITER ;
130
```

图 11.18 具体语句

执行该储存过程的语句如下：

```
CALL proc_qj;
```

11.9.2 通过带参数的储存过程显示相关信息

任务要求

根据要求通过带参数的存储过程显示学员相关信息。

操作向导

（1）创建一个根据学员编号查询某位学员的选课信息存储过程。

分析：根据任务要求可知，存储过程的输入参数是学员编号，没有输出参数，具体语句如图 11.19 所示。

```
7
8
9  DELIMITER $$
0  CREATE PROCEDURE proc_xk(IN xybh INT)
1  BEGIN
2  SELECT * FROM 选课
3  WHERE 学员编号=xybh;
4  END$$
5  DELIMITER ;
6
```

图 11.19　具体语句

执行该存储过程的语句如下：

```
CALL proc_xk（1）;
```

（2）创建一个根据学员编号查询其欠费金额的存储过程。

分析：根据任务要求可知，要创建的存储过程有两个参数：一个是用来输入学员编号的输入参数，另一个是输出学员欠费金额的输出参数。创建存储过程的语句如图 11.20 所示。

```
49
50  DELIMITER $$
51  CREATE PROCEDURE proc_qf
52  (
53  IN xybh INT,
54  INOUT qfje FLOAT
55  )
56  BEGIN
57  SELECT 欠费金额 AS qfje FROM 交费 WHERE 学员编号=xybh LIMIT 1;
58  SET @qfje=qfje;
59  END$$
60  DELIMITER ;
61
```

图 11.20　具体语句

执行该存储过程的语句如下：

```
CALL proc_qf（1，@qfje）;
```

因为该存储过程包含输出参数，所以在执行时要注明 INOUT。

思考：

如何通过 SQLyog 图形界面创建存储过程。

11.10 创建触发器实现管理系统数据完整性

学习目标

- 能通过触发器确保用户定义的数据完整性。
- 能通过验证触发器复习表中数据的增、删、改操作。
- 能根据要求创建触发器并验证其正确性。

11.10.1 通过 INSERT 触发器实现数据完整性

任务要求

根据要求创建插入触发器。

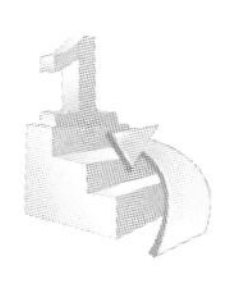

操作向导

为“交费信息表”创建一个插入触发器，当向该表中插入数据时，提示“插入一条数据”。具体语句如图 11.21 所示。

```
13  DELIMITER $$
14  CREATE TRIGGER qf_insert
15  AFTER INSERT
16  ON 交费
17  FOR EACH ROW BEGIN
18  SELECT '插入一条数据' INTO  @交费_test;
19  END$$
20  DELIMITER ;
```

图 11.21　具体语句

知识卡：

#触发器不能出现 SELECT 形式的查询，因为其会返回一个结果集，但可以用 SELECT INTO 来设置变量。

11.10.2 通过 DELETE 触发器实现数据完整性

任务要求

根据要求创建删除触发器。

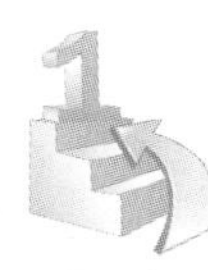

操作向导

为“学员信息表”创建一个删除触发器，当删除“学员信息表”中一个学员的资料时，提示删除成功。

分析：任务要求通过 DELETE 触发器删除。具体语句如图 11.22 所示。

```
2
3   DELIMITER $$
4   CREATE TRIGGER xy_delete
5   AFTER DELETE ON 学员信息
6   FOR EACH ROW BEGIN
7   SELECT '删除一条数据' INTO  @学员信息_test;
8   END$$
9   DELIMITER ;
```

图 11.22　具体语句

11.10.3　通过 UPDATE 触发器实现数据完整性

任务要求

根据要求创建 UPDATE 触发器。

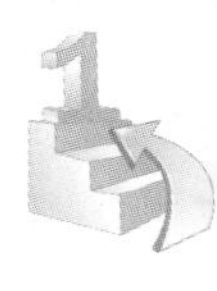

操作向导

为“交费信息表”创建一个 UPDATA 触发器，给出提示信息，不能修改。

分析：根据任务要求，触发器应该是后触发，创建触发器的语句如图 11.23 所示。

```
231  #创建触发器
232  DELIMITER $$
233  CREATE TRIGGER check_bh
234  AFTER UPDATE ON  交费
235  FOR EACH ROW
236  BEGIN
237  SELECT '禁止修改信息' INTO @交费__test;
238  END$$
239  DELIMITER ;
```

图 11.23　具体语句

11.10.4　通过 DROP 删除触发器

任务要求

删除 CHECK_BH 触发器。

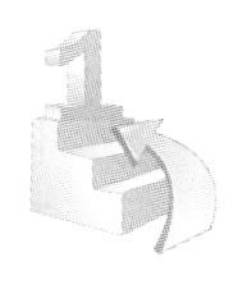

操作向导

根据任务要求，删除触发器的语句具体如图 11.24 所示。

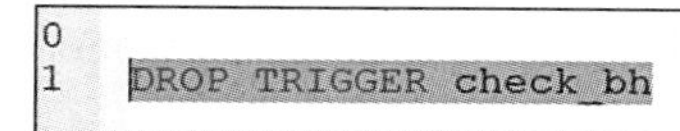

```
0
1    DROP TRIGGER check_bh
```

图 11.24　具体语句

思考：

（1）如何禁用 / 启用触发器？

（2）使用触发器有何优缺点？

11.11　JSP 访问数据库

学习目标

- 能从具体应用中加深对数据库含义的理解。
- 掌握至少一种数据库访问技术。
- 能够运用常用的数据库访问技术连接数据库。

11.11.1　搭建 JSP 运行环境

任务要求

使用 IDEA 与 Tomcatomcat 搭建 JSP 运行环境。

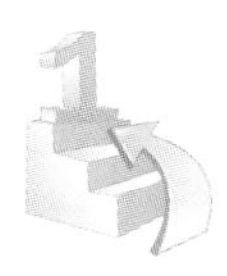

操作向导

JSP（JavaServer Pages）是由 Sun Microsystems 公司主导创建的一种动态网页技术标准。JSP 部署于网络服务器上，可以响应客户端发送的请求，并根据请求内容动态地生成 HTML、XML 或其他格式文档的 Web 网页，然后返回给请求者。JSP 技术以 Java 语言作为脚本语言，为用户的 HTTP 请求提供服务，并能与服务器上的其他 Java 程序共同处理复杂的业务需求。

JSP 将 Java 代码和特定变动内容嵌入静态的页面，实现以静态页面为模板，动态生成其中的部分内容。JSP 引入了被称为“JSP 动作”的 XML 标签，用来调用内建功能。另外，可以创建 JSP 标签库，然后像使用标准 HTML 或 XML 标签一样使用它们。标签库能增强功能和服务器性能，而且不受跨平台问题的限制。JSP 编译器可以把 JSP 文件编译成用 Java 代码写的 Servlet，然后再由 Java 编译器来编译成能快速执行的二进制机器码，也可以直接编译成二进制码。

1. 安装 IDEA

IDEA（IntelliJ IDEA）是 Java 编程语言开发的集成环境。

IDEA 下载网址：https: //www.jetbrains.com/idea/download/#section=windows

2. 安装 Tomcat 服务器

Tomcat 是 Apache 软件基金会（Apache Software Foundation）的 Jakarta 项目中的一个核心项目，由 Apache 和 Sun 等共同开发而成。Tomcat 技术先进、性能稳定，而且免费，因而深受 Java 爱好者的喜爱并得到了软件开发商的认可，成为目前比较流行的 Web 应用服务器。

Tomcat 服务器是一个免费的开放源代码的 Web 应用服务器，属于轻量级应用服务器，适用于中小型系统和并发访问用户不是很多的场合，适合开发和调试 JSP 程序。

Tomcat 下载网址：http: //tomcat.apache.org/

11.11.2 实现数据库与 JSP 页面的连接

任务要求

在 JSP 页面中创建数据库的连接。

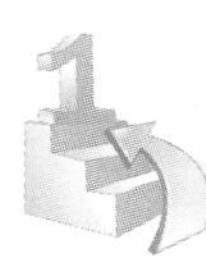

操作向导

设计一个 JSP 页面，用于显示数据库中的数据，为此，首先要创建数据库连接。本例使用 JDBC 连接方式实现，步骤如下：

1. 建立数据库连接

（1）载入连接驱动。

```
class.forName("com.mysql.jdbc.Driver");
```

（2）连接数据库。

```
Connection connection = DriverManager.getConnection("jdbc:mysql://localhost:3306/ 数据库名称 ",
"mysql 账号 ", " 密码 ");
```

（3）创建 Statement 对象。

```
Statement statement = connection.createStatement();
```

2. 使用 select/insert/update/delete 语句实现对数据库的操作

应用 Statement 和 Result 对象，进行添加、查询、更新和删除记录操作。主要代码如下：

```
String sql="";
```

（1）添加记录。

```
Int count=statement.executeUpdate(sql);                    --sql 的值为 insert 语句
if(count >0){
System.out.println(" 记录 t 添加成功 !");
}
```

（2）查询记录。

```
ResultSet resultSet = statement.executeQuery(sql);
--sql 的值为 select 语句
while (resultSet.next()) {
System.out.println(resultSet.getInt("id"))
};
```

（3）更新记录。

```
int count = statement.executeUpdate(sql);
--sql 的值为 update 语句
if(count >0){
System.out.println(" 记录更新成功 !");
}
```

（4）删除记录。

```
int count=statement.executeUpdate(sql);          --sql 的值为 delete 语句
if(count>0){
System.out.println(" 记录删除成功 !");
}
```

3. 使用 close() 方法关闭数据库连接

（1）result.close（）：关闭 Result 对象。

（2）stat.close（）：关闭 Statement 对象。

（3）con.close（）：关闭 Connection 对象。

JSP 页面具体代码如下：

```
<%@page contentType="text/heml;charset=GBK"%>
<%@page import="java.sql.*"%>
<html>
<body>
<%
  string url="jdbc:mysql://localhost:3306/ 数据库名称 , 'mysql 账号 ', ' 密码 '";
  string temp="";
  string user="root"; -- 数据库连接用户名
  string pwd="ok"; -- 数据库连接密码
  class.forName("com.mysql.jdbc.Driver");
  Connection con=DriverManager.getConnection(url,user,pwd);
  System.out.println(" 建立连接成功 ");
  Statement stat=connection.createStatement();
  resultSet result=stat.executeQuery("select * from student");
  --insert、update、delete, 使用 stat.executeUpdate("sql 语句 ")
```

```
int i=0;
while(result.next())
{
temp=result.getString(" 学员编号 ")+result.getString(" 姓名 ");%>
<p>hello<%=temp%></p>
result.close();
stat.close();
con.close();
%>
</body>
</html>
```

思考：

（1）JSP 页面与数据库连接有哪几种方式？

（2）如何在 JSP 页面上对数据库中的数据进行增、删、改、查等操作？